KB051976

GARDEN PLANT COMBINATIONS

**가든 플랜트 콤비네이션**

색감, 계절, 수종, 장소를 고려한
24가지 정원 연출 기법

---

**초판 1쇄 펴낸날** 2021년 1월 12일
**초판 2쇄 펴낸날** 2021년 12월 21일

**지은이** 이병철
**펴낸이** 박명권

**편집** 남기준
**디자인** 팽선민
**출력·인쇄** 한결그래픽스

**펴낸곳** 도서출판 한숲
**신고일** 2013년 11월 5일
**신고번호** 제2014-000232호
**주소** 서울특별시 서초구 방배로 143, 2층
**전화** 02-521-4626
**팩스** 02-521-4627
**전자우편** klam@chol.com

**ISBN** 979-11-87511-24-3 93520
**값** 35,000원

*
파본은 교환하여 드립니다.

# GARDEN PLANT COMBINATIONS

색감, 계절, 수종, 장소를 고려한 24가지 정원 연출 기법

**이병철 지음**

한숲

아침고요수목원, 대한민국 가평

추천의 글

# 아침고요수목원에서 시도된 다양한 정원 식물 연출 기법의 집대성

아침고요수목원 설립자
**한상경**

이병철 박사와 나는 대학시절 스승과 제자로 처음 만나 삼십년 가까이 긴 세월 동안 진한 인연의 끈을 이어가고 있는 특별한 관계입니다. 지금의 아침고요수목원 부지를 찾는 것부터 시작해서 이후 지금의 아침고요수목원을 만들기까지 전 과정을 함께하였고, 나의 조력자로서의 동행은 사제지간을 뛰어넘어 이제는 인생의 동지가 되었습니다.

『GARDEN PLANT COMBINATIONS』 출간을 진심으로 축하하며 함께 큰 기쁨을 느끼는 바입니다. 이제 드디어 스승을 뛰어넘는 제자를 갖게 되었다는 보람 또한 느끼게 됩니다.

미(美)에 대한 인식은 원래 주관적 느낌이 크기 때문에 정원 조성에서 자연색을 대상으로 하는 정원 식물의 색채 응용은 접근하기 쉽지 않은 분야입니다. 때문에 식물 색채 개념을 최대한 객관화시켜서 분석하고 설명하는 것이 요구됩니다.

이 책은 주로 아침고요수목원에서 연출했던 다양한 정원의 경험과 기록이라고 할 수 있습니다. 우리나라와 세계 유수의 정원을 직접 방문하고 경험하며 기록한 사진들도 포함되어 있지만 그 기본 틀은 아침고요수목원에서 시도했던 여러 기법들입니다.

이 책을 통해 정원을 사랑하는 모든 이들이 우리나라 최고의 정원 현장에서 역사를 일구어낸 저자의 살아있는 지식과 정보를 얻을 수 있으리라 믿습니다. 다시 한 번 정원 식물 연출을 상세하게 집대성한 책의 출간을 축하하며, 이 책이 개인적으로도 사제 간에 주고받는 최고의 선물로 오래 남아 있기를 바랍니다.

부차트 가든, 캐나다 빅토리아

추천의 글

# 피어날 땐 경이롭고, 피어나선 아름답고, 지고난 뒤엔 숭고한 꽃과 수목의 조합

캐나다 부차트 가든 가드너
**박상현**

부차트 가든에서 가장 먼저 조성된 일본정원에는 해마다 블루 포피가 피어난다. 새파란 꽃망울을 터트리는 이 꽃을 보고 있노라면 산들바람에 하늘거리는 장삼을 걸친 선승의 기품이 느껴진다. 이 꽃이 고향인 티베트 고원의 히말라야 산중턱을 떠나 부차트 가든 한 귀퉁이에 자리를 잡은 것은 1925년이다. 북미 대륙에서는 처음으로 부차트 가든에 정착했던 것이다.

이 꽃은 나를 세 번 울린다. 정원사가 꽃을 보며 눈물 바람을 한다는 게 이상하게 들릴지도 모를 일이다. 그러나 나는 틀림없이 블루 포피의 일생을 지켜보며 적어도 세 번은 가슴 한 구석이 먹먹해져 옴을 느낀다.

꽃망울이 막 터질 때가 그 첫째다. 진한 녹색 꽃봉오리가 열리며 투명한 하늘색 꽃잎이 살짝 드러나 있는 모습을 보고 있노라면 온 몸에 전율이 일어나고 덩달아 눈시울이 붉어진다. 마치 알껍데기를 깨트리고 태어나는 새를 보는 것처럼 경이롭고, 번데기를 찢고 우화하는 나비를 보는 것처럼 신비롭다.

활짝 피어있는 이 꽃을 볼 때도 그렇다. 얼마나 아름다운지, 그 자태를 오롯이 표현할 방법을 찾을 길이 없다. 사람의 말이 얼마나 짧은 것이고 또 글이라는 것이 얼마나 초라한지 한숨만 나올 뿐이다. 그저 이 감탄스러운 생명체를 우리 인간에게 선물해주신 신을 향해 정말 고맙다는 말이 절로 나올 뿐이다. 산들바람에 가볍게 흔들리는 이 꽃을 보고 있으면 온 몸에 소름이 돋고 눈가가 나도 모르는 사이에 촉촉해진다.

마지막으로, 이 꽃이 탐스런 열매를 맺어 씨앗을 품고 있는 모습과 마주칠 때 눈물이 난다. 생명의 숭고함 앞에서 흐르는 눈물이다. 뜨거웠던 햇빛이 힘을 잃어 가면 화사한 꽃잎은 떨어지고 투명한 연녹색 잎사귀들도 군데군데 갈색으로 변해간다. 세월의 흐름을 거스를 수 없는 생명들의 숙명이다. 그 마지막 순간에 이 꽃은 후세를 키워내기 위해 온 힘을 다해 씨앗을 여물게 한다.

그래서 나에게 이 꽃은 피어날 땐 경이롭고, 피어나선 아름답고, 지고난 뒤엔 숭고한 것이다. 물론 블루 포피만 그런 것은 아니라 대부분의 꽃들이 그렇다. 색깔, 크기, 모양이 제각각인 꽃들이 모여 있는 화단은 그 자체로 커다란 캔버스다. 그 위에 더러는 서로 비슷한 모양과 색깔을 지닌 꽃들이, 더러는 서로를 눈에 띄게 해 주는 보색의 조합으로 우리의 눈을 사로잡는다.

이 책의 저자 이병철 박사는 나보다 훨씬 일찍부터 아름다운 꽃들과 멋들어지게 자란 나무들을 보면 눈물을 흘려왔던 진짜 정원사다. 뿐만 아니다. 그는 어느 정원사보다도 부지런하다. 그 근면함을 바탕으로 쉼 없이 발품을 팔아 꽃들이 서로 어울리는 방법을 끊임없이 연구해왔다. 그의 발길이 닿았던 세계 곳곳의 정원들과 한국 내의 아름다운 정원들에서 그는 꽃과 꽃, 꽃과 관목, 일년생과 다년생, 알뿌리와 그라스, 활엽수와 침엽수, 상록수와 낙엽수 그리고 큰 정원 전체가 어떻게 꾸며져 있는지를 줄기차게 탐구해왔다.

이 책의 지은이는 또 우직하다. 삼십여 년을, 스스로 땅을 일구며 이 아름다운 생명들 곁을 떠난 적이 없다. 자갈밭을 일구어 화단을 만들고 좋은 꽃과 나무가 있는 곳은 어디든 찾아갔다. 그렇게 만난 화초와 수목을 식구처럼 여기며 정성을 들여 가꿔왔다. 적지 않은 시행착오와 피나는 노력이 뒤따랐음은 불문가지일 것이다.

그리고 이병철 박사는 날카로운 매의 눈을 가졌다. 꽃과 나무들이 모여 있는 정원뿐 아니라 고성의 성벽에서도, 빌딩 숲 한편에 조성된 자그마한 화단에서도, 박물관의 담벼락에서도 어울려 자라는 생명체들을 포착해 카메라에 담아냈다. 꽃 한 송이, 나무 한 그루 허투루 보아 넘기지 않는 그의 안목과 열정이 없었다면 불가능한 일이다.

100여년의 역사를 자랑하는 부차트 가든의 가장 큰 자산은 뭐니 뭐니 해도 각 정원별로 갖고 있는 '식재 목록Planting Lists'일 것이다. 수없는 시행착오 속에서 끊임없이 보완되어 지금에 이른 것이다. 봄과 가을에 화단을 새롭게 꾸밀 때 이 목록은 '식재 교본'이 된다. 예를 들면 '19번 화단에 빨간 제라늄 200송이, 핑크 제라늄 100송이, 파란색 샐비어 150송이를 섞어 심는다'라는 식이다. 이 목록 속에 사실 부차트 가든의 모든 노하우가 담겨있다 해도 과언이 아니다. 서로 어울리는 꽃과 수목의 조합Plants Combination은 물론, 섞어 심거나 가까이 심어도 서로에게 해가 되지 않는 조합Companion Plants이 모두 들어있기 때문이다.

이병철 박사가 30여년의 경험과 연구를 바탕으로 펴낸 이 책은 부차트 가든의 '식재 목록'과 다를 바가 없는 훌륭한 식재 교본이다. 전문 정원사나 디자이너는 물론 자신만의 자그마한 정원을 갖고 싶은 분들에게도 이 책이 훌륭한 식재 도감이 될 것임을 믿어 의심치 않는다. 지난한 노력을 통해 이 책이라는 열매를 맺어 훌륭한 씨앗을 남긴 저자에게 존경의 박수를 보낸다. 그리고 많은 이들이 이 책을 활용해 더 아름다운 화단과 정원을 만들 수 있었으면 하는 마음 간절하다.

'쉼으로 가는 길', 일본가드닝월드컵

책을 펴내며

# 4계절, 12개월, 24절기, 언제든 적용할 수 있는 정원 식물의 어울림을 디자인하다

행복한 정원사
**이병철**

"사랑을 시작했다면 꽃을 피우고 열매를 맺도록 끊임없이 가꾸고 보살펴야 한다. 사람들은 한 뙈기 땅을 자신의 생각과 의지대로 바꾸어 놓는다. 작은 꽃밭, 몇 평 안 되는 헐벗은 땅을 갖가지 색채의 물결이 넘쳐나는 천국의 작은 정원으로 만들 수 있다."

정원 일의 즐거움을 예찬한 헤르만 헤세의 글이다. 요즘에는 '꽃밭'이라고 하면 얼핏 촌스러운 느낌이 들기도 한다. 하지만 농부가 땀 흘려 땅을 일구고 씨앗을 뿌리고 거름을 주고 김을 매주어야 풍성한 수확을 거둘 수 있는 '밭'은 그 어느 것보다 정직하다. 꽃밭도 다르지 않다. 정원사의 땀을 배신하지 않는다. 화가의 영감이 캔버스를 아름답게 물들이듯, 꽃밭은 정원 디자이너가 최고의 재료인 꽃을 물감 삼아 대지를 수놓는 창작의 터전이다.

## 꽃 한 송이가 만드는 세상

세상의 시작은 어디서부터일까? 각자의 신념에 따라 다르겠지만 누구도 부인할 수 없는 한 가지 사실은 살아있는 모든 생명체에는 절대적으로 식물이 필요하다는 점이다. 우리의 먹거리나 잠자리 모두 식물이 필수적이다. 비율로도 지구상에 살아있는 모든 생명체의 90% 이상이 식물이다. 지구의 주인처럼 행세하는 인간은 고작 0.01% 정도의 무게밖에 되지 않는다고 한다. 그만큼 식물은 압도적인 생명체다. 현재 지구상에서 이름이 확인된 식물만 35만여 종이고, 이중에서 90% 정도의 식물은 속씨식물, 즉 꽃이 피는 식물이니 지금은 꽃의 시대라고 해도 과언이 아니다. 꽃이 피고 열매를 맺고 또 그 열매가 씨앗이 되어 펼쳐지는 녹색 세상, 그것이 우리를 살아가게 하는 생명의 원천이자 기본인 것이다. 꽃 한 송이가 만들어 가는 세상이 우리의 삶의 터전이다.

**만물의 어머니, 마더 네이처**

꽃으로 시작한 세상의 이야기가 여기 또 있다. 영국의 시인 윌리엄 쿠버는 "신은 정원을 만들고 인간은 도시를 만든다"고 하였다. 정원garden은 이스라엘의 문자인 히브리어로 '담으로 둘러싸다'란 뜻의 'gar'와 즐거움을 의미하는 'oden' 또는 'eden'에서 탄생한 말이다. 창세기에 등장하는 인류 최초의 이상향인 에덴동산이 정원의 기원이란 이야기다. 우리가 흔히 이상향으로 말하는 '파라다이스'는 페르시아 지역의 정원을 의미하는 '파이리 다에자pairi daeza'에서 유래되었다. 태초부터 인류는 끊임없이 신화에 나오는 낙원을 재창조하기 위해 노력해 온 것이다. 아틀란티스, 유토피아, 아르카디아, 무릉도원 등 시대와 민족에 따라 명칭은 달랐지만, 인류는 불완전한 삶을 충족시켜 줄 가상의 공간, 그 시대에 가장 바라던 것들을 담은 동경의 세상을 끊임없이 갈구해 왔다. 어쩌면 오늘날의 회색 도시에서 꿈꿀 수 있는 이상향은 정원이 아닐까? 정원이 딸린 그림 같은 집을 누구나 꿈꾸지만, 국민의 절대 다수가 한 뼘의 땅을 갖지 못한 채 아파트에 사는 각박한 현실에서, 자연을 접하는 첫 번째 통로는 바로 정원이 될 수 있다.

**아름다움의 대명사, 꽃**

꽃은 고단한 일상에서 잠시나마 미소 짓게 하는 선물 같은 존재다. 꽃이 피면 그곳이 어디든 마법 같은 행복의 향기가 그윽해진다. 사전을 펼쳐보면 '아름다움'이라는 말에는 "모양이나 색깔, 소리 따위가 마음에 들어 만족스럽고 좋은 느낌, 하는 일이나 마음씨 따위가 훌륭하고 갸륵함"이란 의미가 담겨 있다. '마음'이란 단어가 반복되어 있다. 즉 진정한 아름다움은 시각적 화려함과는 거리가 먼 것이다. 진부한 말처럼 들릴 수 있지만, 정원 디자이너나 정원사라면 마음을 다해 곱씹어보아야 할 명제다. 식물은 단순히 미적인 대상이 아니라 생명의 아름다움을 온 힘을 다해 보여주고 있는 생명체다. 정원의 진정한 주인은 식물이고 정원사는 그들이 화려하게 빛날 수 있도록 거들어 주는 조력자일 뿐이다. 크고 작고 노랗고 빨간 서로 다른 개성들이 한데 어우러져 만들어내는 조화로운 식물들의 세상은 우리가 닮아가야 할 그것이다.

### 정원은 대자연을 향한 오마주

이동성에 기초한 동물과 달리 거의 모든 식물은 한 자리에서 붙박이로 살아간다. 그 덕분에 식물은 자기에게 맞는 가장 최적의 환경에 뿌리를 내리고 열매를 맺을 수 있다. 식물은 자라지 못하면 죽는다. 그래서 커다란 나무도 되고 숲도 만들어 준다. 100년도 채 못살면서 요란한 흔적을 남기는 인간들이 범접하지 못할 그 수많은 세월을 살아가는 나무는 소리도 없이 특별한 주목도 끌지 않은 채 묵묵히 자기 자리에서 조금씩 성장하며 이 땅에서 살아가는 모든 생명들의 굳건한 터전을 만들어 준다. 지구의 생명체 중에서 가장 많은 가족을 거느린 식물들은 가장 넓은 영토를 가지고 가능한 모든 환경에 뿌리를 내려서 이 땅을 비옥하게 해준다. 그리고 하늘을 향해 두 팔 벌리듯 온 힘을 다해 태양을 바라보며 우뚝 서있는 나무들은 지상의 생명체 중 가장 높이 자란다. 하지만 모두가 알고 있듯이 나무의 나이는 키로 재는 것이 아니다. 나무는 안에서 밖으로 굵어지면서 수평적인 성장을 한해씩 거듭하며 쌓여진 나이테로 나이를 센다. 나이테는 단순히 나이만을 의미하지 않는다. 살아온 시간만큼 나무가 겪은 인고의 세월이 고스란히 새겨져 있는 세월의 주름이다. 성장은 짧은 시간에도 가능할 수 있다. 하지만 성숙은 오랜 시간이 걸린다. 정원을 만드는 과정 역시 다르지 않다. 도면에 그려지고 표현된 단순한 평면은 정원이 아니다. 높이와 넓이, 형태, 색감, 질감 등 시각적인 고려와 함께 기후와 토양 그리고 시간의 흐름까지도 디테일하게 고민해야 하는 입체적이면서도 복합적인 과정을 거쳐야 완성되는 것, 그것이 바로 정원이다. 이 책에서 소개하는 식물들의 이야기는 아주 작은 부분, 그리고 지극히 단편적인 접근일 수밖에 없다. 정원은 위대한 대자연의 장엄한 서사시를 편린적으로 엿보게 하는 작은 시도다. 범접할 수 없는 스케일과 섬세함을 표현해보고 그 아름다움을 흉내내고 따라하는 정원은 대자연을 향한 오마주다.

**1994년부터** 30여년 가까이 아침고요수목원에서 겨울부터 봄을 준비하며 무수히 많은 사계절을 보냈다. 수많은 실패와 시행착오가 거듭되던 나날도 있었고, 새로운 식물 조합의 결과가 궁금하여 잠 못 이루던 순간도, 의도하지 않았음에도 자연이 연출한 아름다운 장면에 가슴 뛰던 시간도 있었다. 어느 정도 노하우가 쌓이게 되자, 전국의 이곳저곳에서 자문 요청을 받는 일이 점차 늘어났다. 그때마다 아쉬움이 쌓여갔다. 아름다움은 단순히 시각적으로 보이는 것이 전부가 아닌데, 생명의 조화로움을 담아야 하는 작업인데, 정원에 대한 단편적인 인식은 쉽게 바뀌지 않았다. 물론 근래 들어 다양한 시도들이 확실히 늘고 있다. 그래서 부족하지만 아침고요수목원에서 새벽 이슬 맺힐 때부터 노을이 질 때까지, 새싹이 돋아나고 단풍이 떨어질 때까지 고심하며 실험하고 시도해 본 다양한 유형의 식물 조합을 한 권의 책에 묶어 보았다. ① 화사하고 따뜻한 파스텔톤, 강렬하고 선명하게 대비되는 컬러 조합, 신비롭고 고상한 보라색의 하모니 등 색감을 베이스로 한 식물의 어울림부터, ② 봄과 여름, 가을과 겨울철 정원 연출에 필요한 노하우, ③ 초화류부터 교목까지 수종별 특성을 바탕으로 한 식물 조합, ④ 장식정원, 거리화단, 실내정원, 암석정원 등 대상지 유형에 따른 연출 기법까지 4계절, 12개월, 24절기 언제든 적용할 수 있는 24가지 콤비네이션을 4개의 파트로 나누어 다뤘다. 특히 사례로 소개된 예시 사진 속 수종을 모두 소개하여 초보자도 쉽게 식재 디자인을 따라할 수 있도록 구성해 보았다. 하지만 이 책이 정답은 아니다. 오감을 만족시키는 식물들의 경이로움, 서로 다른 개성을 가진 식물들이 조화롭게 어울려 피어날 때의 아름다움을 알아가는 데 조금이나마 도움이 되길 바랄 뿐이다. 꽃과 꽃, 꽃과 수목, 관목과 교목, 그라스와 수목이 서로 어울리는 방법을 하나씩 탐구하는 즐거움이 여러분에게도 찾아오길 기대해본다.

고백하자면, 내게는 2년 전에 돌아가신 어머니가 진정한 마더 네이처다. 봉숭아 물들여 주시던 그 손길을 아직 잊지 못하고 있다. 꽃을 너무나도 좋아하셨던 어머니는 계신 곳이 어디든 온통 꽃밭이고 꽃무늬로 채우셨기에, 처음부터 나의 DNA는 꽃과 함께였다. 셋방살이하던 삭막한 담벼락에도 해마다 채송화며 봉숭아를 한가득 심으시고 4형제의 시커먼 손톱에 봉숭아 물들여 주셨지만, 우리 때문에 달아 없어진 손톱을 감추시며 부끄러워하시던 그 미소가 생생하다.

“

고단한 일상에서
잠시나마
미소 짓게 하는 꽃처럼

엄마품처럼
편안함을 경험하는
정원을 모두가 만끽하길!

”

# CONTENTS

## PART 1
## COMBINATIONS BY
# COLOR



## PART 2
## COMBINATIONS BY
# SEASON

CONTENTS

## PART 3
## COMBINATIONS BY
# TREE



## PART 4
## COMBINATIONS BY
# SITE

# GARDEN PLANT COMBINATIONS

PART

1

# COMBINATIONS BY COLOR

# 1

# COLOR COMBINATION

## 공존의 아름다운 하모니, 배색을 고려한 섞어심기

자연에는 수많은 다양성이 존재한다. 그럼에도 자연이 혼란스럽지 않고 아름답게 보이는 것은 모양도 색도 크기도 다른 그 다양성들이 서로 공존하고 있기 때문이 아닐까. 지구상의 생명체 중에서 가장 많은 비율을 차지하고 있는 식물은 제각기 다른 색상과 모양을 가지고 있는 '꽃'을 피운다. 이 꽃들은 홀로 피어도 아름답지만 서로 조화를 이루어 피어날 때 그 아름다움이 배가된다. 서로 부족한 부분을 채워주어 아름다움이 완성되기 때문이다.

정원사는 다양한 식물들이 각자 좋아하는 최적의 자리를 차지하게 하여, 햇빛과 양분을 서로 자연스럽게 나누도록 도와주는 역할을 수행해야 한다. 꽃의 수명은 그 아름다움의 열정만큼 길지 않다. 물론 그 때문에 꽃이 더욱 소중하게 느껴지지만, 지금 보고 즐기지 못하면 내년을 기약할 수밖에 없다. 어떻게 보면 꽃이 흐드러지게 핀 화려한 정원은 식물들이 처절하게 아름다움을 겨루는 전쟁터와도 같다.

때문에 정원사는 너무 과열되지 않도록 어느 정도 질서와 균형을 맞춰주는 조정자의 역할을 해야 하다. 대자연의 섭리가 그러하듯이 크고 작은 빨갛고 노란 다채로운 개성들이 물 흐르듯이 자연스럽게 어우러지는 정원은 우리가 추구해야 할 가장 이상적인 세상을 보여줄 것이다.

### 식물에 대한 이해가 아름다움의 시작

요리사가 맛있는 음식을 만들기 위해 각 재료의 특성을 파악하여 풍성한 식탁을 차리듯이 아름다운 정원을 만들기 위해서는 재료가 되는 식물의 다양성에 대한 이해가 중요하다. 이해가 곧 아름다움의 시작인 것이다. 꽃의 형태, 컬러, 크기 등 선택의 폭을 최대한 넓혀서 갖가지 화려한 식물들이 수를 놓듯이 꾸며놓은 정원은 보는 이의 발걸음을 멈추게 한다. 지금이 아니면 볼 수 없는 경관 앞에서 사람들은 감동한다.

사실 모든 꽃들은 각자의 위치에서 최상의 연출로 늘 제몫을 다한다. 그렇지만 어떤 꽃을 어디에 어떻게 배치하느냐에 따라, 전체 경관은 촌스러울 수도 세련될 수도 있다. 혼자 피어있었다면 무심히 그냥 지나쳐 버릴 수 있는 꽃도, 어떤 꽃과 어울려 심기느냐에 따라 사람들의 시선을 잡아끈다.

보통 한 가지 색을 모아서 심는 데이지도 흰색, 분홍색, 빨간색 데이지를 서로 어울리게 섞어 심으면, 마치 하얀 도화지 위에 물감을 흩뿌린 듯한 야생화 느낌을 준다.

강한 페튜니아의 컬러와 은은한 비올라팬지의 접점이 없는 구도에 점점이 섞여있는 데이지의 작은 연분홍 점들이 중재하듯 어울려 부드럽게 이어준다.

한 품종이 아닌 다양한 컬러의 매발톱꽃과 아네모네, 그리고 꽃가루를 뿌려놓은 듯 펼쳐진 물망초의 공존이 아름답다.

각기 다른 컬러의 비올라 화단에 애기금어초라는 국명을 가진 리나리아가 마치 작은 아기 요정처럼 뛰놀고 있는 듯하다. 이렇게 환상적인 조화는 마치 메이플 시럽을 한 모금 머금은 듯 달콤하기까지 하다. 부드러운 이미지의 파스텔 톤이 정원의 우아함을 더해준다.

페튜니아의 어두운 원색 느낌을 **백묘국**(*Senecio cineraria*)과 어우러진 비올라가 완화시켜주고, **황금사철**(*Euonymus Japonicus* 'Aureus')의 꽃보다 더 화려한 밝은 노란색 잎 덕분에 청초함은 배가 된다.

## 차분하면서도 신비감을 더해주는 은은한 색감의 조화

너무 강하고 튀는 컬러는 확실한 강조 효과와 화려함을 보여주지만, 너무 과하다 보면 금세 질리고 피곤해지기 쉽다. 이럴 때 차분하고 이지적으로 우리의 감각을 식힐 수 있는 컬러 패턴이 파스텔 톤 조합이다. 화려하고 부드러우며 맑고 밝은 느낌의 파스텔 컬러는 막 사랑을 시작한 연인들처럼 로맨틱하다. 일반적으로 봄을 일컫는 대표적인 컬러를 파스텔 컬러라고 칭하며, 원색의 이미지에 흰색 컬러를 섞어놓은 듯한 느낌을 연출한다.

여러 식물을 혼합해 원색의 이미지를 반감시켜주는 색상의 조화를 연출하여 파스텔 컬러를 나타내는 방법도 있는 반면, 파스텔 컬러를 가지고 있는 단일 식물의 사용만으로도 비슷한 효과를 거둘 수 있다.

연보라 계통의 파스텔 톤 **오스테오스퍼뭄 '아스티 화이트'**(*Osteospermum* 'Asti White')에 신비감과 강한 대비 효과를 높여주는 적색과 보라색 **버베나**(*Verbena × hybrida*)가 어울려 심겼다.

## 오렌지에서 블루까지 아이보리 톤의 다양한 어울림

그리스어인 elephas코끼리에서 유래한 아이보리ivory 색은 코끼리 상아의 색깔을 나타내는 맑고 연한 흰 노란색이다. 때 묻지 않은 아이보리 컬러는 개성이 너무 강하여 자칫 촌스러워 보일 수 있는 오렌지색부터 차가워 보일 수 있는 블루 톤의 조합까지 그 스펙트럼이 폭넓다. 이질적인 컬러와의 안정적이고 다양한 어울림은 아기자기하고 화사한 정원을 연출하는 데 활용하기 적당하다. 또 단일 색상으로 사용하면 전반적인 공간의 부드러움을 드러내는 데 효과적이다.

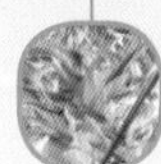
**호스타 '메디오 베리가타'**
*Hosta undulata* 'Medio-variegata'

**페튜니아 '선피나 베이비 콤팩트 핑크'**
*Petunia* 'Surfinia Baby Compact Pink'

**디기탈리스**
*Digitalis purpurea*

**메리골드**
*Tagetes erecta*

**델피니움**
*Delphinium hybridum*

**아이보리와 핑크 아이보리, 그리고 블루**

옅은 노란색 배경에 하얀 물감을 한 방울 떨어뜨렸다는 표현이 적당할지, 하얀 배경에 옅은 노란색 물감을 한 방울 떨어뜨렸다는 표현이 맞을지 쉽게 결정할 수 없다. 그만큼 아이보리 컬러는 어느 곳에서는 그 그림의 전반적인 배경이 되기도 하고, 또 다른 곳에서는 주변 컬러와의 조화를 통해 완전히 상반되는 느낌의 풍경을 연출한다.

# 2

# PASTEL COMBINATION

## 화사하고 따뜻한 파스텔 톤 일년초 화단

빨간 물감에 흰색을 섞으면 분홍색, 더 많은 흰색을 섞으면 밝은 분홍색을 만들 수 있다. 파스텔 컬러Pastel Color는 빨간색, 파란색, 녹색 등의 원색에 흰색을 더한 분홍색, 연하늘색, 연두색 등의 부드러운 컬러를 말한다. 원색에 흰색이 더해지다 보니 원색의 채도는 낮아지지만 흰색이 더해지면서 한층 더 부드러워지고 화사한 느낌을 선사해준다.

**마가렛**
*Argyranthemum frutescen*

**아네모네**
*Anemone coronaria*

**리나리아**
*Linaria maroccana*

### 부드럽고 강렬한 색의 결합

흰색의 꽃을 배경 식재로 한 파스텔 화단은 강렬하게 대비되는 컬러들이 서로 충돌하지 않고 충분한 여백을 만들어주어 돋보이게 하는 효과가 있어 어느 색과도 잘 어울리게 해준다. 빨강, 노랑, 분홍, 파랑의 강렬한 색감의 사루비아와 플록스, 콜레우스들 사이에 식재된 흰색의 알리섬과 안개초가 완충 역할을 해주어 사루비아와 초화풀협죽도를 더욱 선명하고 돋보이게 해주고 있다.

**플록스**
*Phlox* '21st century'

**백일홍**
*Zinnia swizzle* 'Cherry and Ivory'

**콜레우스**
*Coleus scutellarioides* 'Solar Shade'

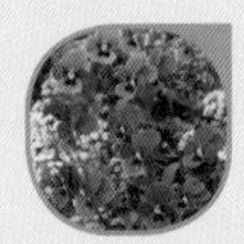

**팬지**
*Viola tricolor* L.

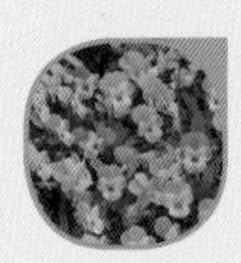

**팬지 '솔벳 블루베리 크림'**
*Viola* 'Sorbet Blueberry Cream'

**물망초**
*Myosotis scorpioides*

**알리섬**
*Lobularia maritima*

알리섬과 팬지, 물망초 등 작고 아기자기한 꽃들을 섞어 심는 화단에서 자칫 지루해지기 쉬운 평면의 단조로움을, 농도를 달리한 흰색과 강조하는 꽃의 색조를 흩어서 포인트를 주면 부드럽고 화사한 파스텔 톤의 설레임을 연출할 수 있다.

## 화이트와 다양한 파스텔 톤의 변화

파스텔 색상은 크레용의 일종인 파스텔로 그린 것처럼 부드럽고 옅은 색을 뜻하는데 은은한 컬러가 특징이다. 흰색은 순결하고 청초하며 밝은 이미지를 연출하는데 다른 컬러와 섞이면 밝은 컬러는 더 빛나게 하고 어두운 컬러는 더욱 세련된 느낌으로 두드러지게 해준다. 흰색 꽃을 배경으로 삼고 다른 연한 색의 꽃을 함께 식재하면 정원의 분위기를 산뜻하고 밝게 만들 수 있다.

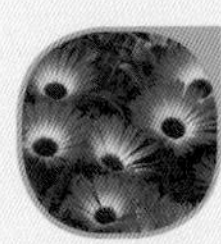

**리빙스턴데이지**
*Dorotheanthus bellidiformis*

**아프리카데이지 '아스티 화이트'**
*Osteospermum* 'Asti White'

다양한 컬러를 섞어서 식재 할 경우, 자칫 시각적으로 혼란스러움이 더해질 수 있다. 파스텔톤의 알리섬과 리나리아를 중간 중간에 섞어 심어 완충 효과를 꾀하여 세련되게 화사함을 배가시켰다.

분홍과 붉은색은 어느 위치에 있어도 눈에 확 띄어 강렬한 인상을 주기 때문에 다른 색과 배합하기가 쉽지 않고 또 너무 많이 쓰면 피로감을 줄 수도 있기에 조심스럽다. 이럴 때는 밝은 흰색보다는 조금 어두운 톤의 연한 청색이나 회색 컬러의 식물을 함께 배합하여 해결할 수 있다.

조금씩 다른 농도를 가지고 있는 비올라팬지의 파란색은 화려한 느낌을 주지는 않지만 자극적이지 않은 신비감이 있고 밝은 흰색과 같이 섞으면 파란색의 깊이감이 있는 어두움을 상쇄해준다. 흰색과 연한 파란색의 조화는 맑고 매우 신선한 느낌을 주는 가장 효과적인 파스텔 연출이다.

**리나리아**
*Linaria maroccana*

**네모필라 베이비블루아이스**
*Nemophila menziesii* 'Baby Blue Eyes'

**회양목 '셰추'**
*Buxus sempervirens* 'Chateau'

**하늘빛을 닮은 블루 톤과 싱그러운 라임색의 조화**

깜찍한 베이비블루아이스 *Nemophila maculata*를 배경으로, 라임색 잎에 진한 청색 꽃을 물고 있는 자주달개비를 심거나, 은청가문비나무와 황금회양목처럼 잎이 아름다운 관목을 함께 심으면 상큼하고 볼륨감 있는 파스텔 톤 정원을 구성할 수 있다.

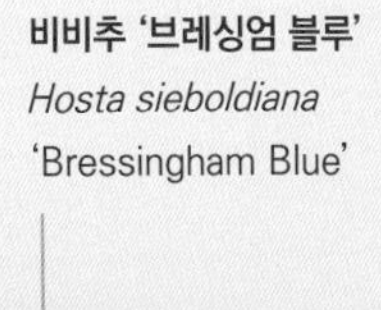

**마가렛**
*Argyranthemum frutescens*

**자주달개비 '스위트 케이트'**
*Tradescantia x andersoniana* 'Sweet Kate'

**비비추 '브레싱엄 블루'**
*Hosta sieboldiana* 'Bressingham Blue'

**초롱꽃**
*Campanula medium* 'Calycanthema'

# 3

# COLOR CONTRAST

## 강렬하고 선명하게 대비되는 컬러의 조합

긴 장마 끝에 피할 수 없는 뙤약볕과 무더위가 연일 이어지는 한여름은 정원사들에게 힘겨운 계절 중의 하나다. 무성한 잡초들이 여름 정원을 너무도 손쉽게 점령하기 때문이다. 그뿐 아니다. 지킬 박사와 하이드처럼 두 얼굴을 가진 자연의 가늠할 수 없는 변화 속에서 부러지는 나뭇가지와 힘없이 주저앉는 초화들을 속절없이 바라봐야 하는 시기이기도 하다. 그러나 '고생 끝에 낙이 온다'는 말처럼 이러한 어려움을 이겨내고 여름 정원이 보여주는 강렬하고 선명한 컬러 패턴은 그간의 고생을 싹 잊어버릴 수 있을 만큼 매혹적이며 아름답다. 뜨거운 햇빛만큼, 정원사들의 열정으로 도드라지고 특색 있게 조화를 이룬 식물들을 바라보며 더위에 지친 짜증 대신 옅은 미소를 지을 수 있다면, 당신은 여름 정원을 즐길 준비가 되어 있는 것이다. 어느 계절보다 힘 있고 강렬하며 긴장감마저 들게 하는 여름 정원 속으로 당신을 초대한다.

### 강렬한 원색과 무게감 있는 색감의 조합

한여름의 뜨거운 태양처럼 붉게 타오르는 빨간색이나 화사한 노란색은 확실히 자극적이다. 하지만 빨간색과 노란색은 온통 초록 일색인 여름에 반기를 들며 원초적 강렬함을 정원에 선사한다. 여기에 순수한 화이트 계열의 색채가 더해지면 유치하지 않은 여름 정원의 구성이 완성된다.

**꽃양귀비**
*Papaver commutatum*

**메디움초롱꽃**
*Campanula medium*

**세팔라포라 아로마티카**
*Cephalophora aromatica*

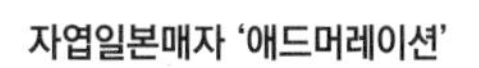

**꼬리풀 '실버시'**
*Veronica incana* 'Silbersee'

**자엽일본매자 '로즈 글로'**
*Berberis thunbergii* f. *atropurpurea* 'Rose Glow'

**우단담배풀**
*Verbescum thapsus*

**자엽일본매자 '애드머레이션'**
*Berberis thunbergii* f. *atropurpurea* 'Admiration'

**패랭이꽃**
*Dianthus spiculifolius*

**대사초 '바나나 보트'**
*Carex siderosticta* 'Banana Boat'

### 차분하면서도 신비감을 더해주는 청량한 색감

무심코 지나칠 수 있는 푸른 잔디밭 한쪽 모퉁이에 피어난 아기자기하고 앙증맞은 꽃들의 조합 속에 동화 속 작은 숲이 숨어 있다. 코발트블루의 샐비어*Salvia nemorosa*와 대사초 '바나나 보트'*Carex siderosticha* 'Banana Boat'의 신비로운 어울림이 멀리 떨어져 있는 이들의 이목을 끌었다면, 야생화처럼 산발한 모습의 패랭이는 어색하지 않게 이들 사이에 스며들어 조화를 이루고 있다.

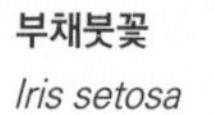

**부채붓꽃**
*Iris setosa*

**안개꽃**
*Gypsophila paniculata*

### 시원한 블루와 화이트의 조합

무더운 날씨가 정원 감상의 즐거움을 반감시킨다면, 시원한 색상의 조화를 통해 산뜻한 정원을 연출해보는 것도 하나의 방법이다. 파란 하늘, 청량한 바다, 그리고 부서지는 하얀 파도를 연상케 하는 블루와 화이트의 조합은 여름철 피서지와 같은 시원한 광경을 연출해 준다. 부드러운 새싹이 신비한 아쿠아 색감을 띠는 은청가문비나무*Picea pungens*는 너무 튀지 않으면서 주변의 진한 녹색 속에서 은근히 자신의 존재감을 드러낸다. 정원을 찾는 이들의 궁금증을 유발하는 단골손님이다.

숙근샐비어
*Salvia nemorosa*

패랭이 '아크틱 화이어'
*Dianthus deltoides* 'Arctic Fire'

대사초 '바나나 보트'
*Carex siderosticta* 'Banana Boat'

스토크
*Matthiola incana*

뉴욕아스터
*Aster novi-belgii*

은쑥
*Artemisia schmidtiana*

은청가문비나무
*Picea pungens*

라벤더 '실버 아누크'
*Lavandula stoechas* 'Silver Anouk'

피버퓨
*Tanacetum parthenium*

라바테라
*Lavatera trimestris*

메디움초롱꽃
*Campanula medium*

**일본조팝나무 '화이트 골드'**
*Spiraea japonica* 'White Gold'

**우단담배풀**
*Verbescum thapsus*

**숙근샐비어**
*Salvia nemorosa*

**개보리 마젤라니쿠스**
*Elymus magellanicus*

"
이곳 프랑스 남부지방의 빛은 유황 같은 색이 사방에 널려 있고
태양이 사람을 취하게 한다.
무엇이라고 이름 붙일 수 없는 그 빛은 노랑, 색 바랜 유황의 노랑,
흐릿한 레몬 빛 노랑이라고 밖에
표현할 길이 없다. 아, 아름다운 노랑이여!
– 빈센트 반 고흐 –
"

노랑이 신비스러운 청색과 보라색을 만나면 밝고 어두움을 떠나 형용할 수 없는 신비스러움을 최고조의 절정으로 보여준다. 이럴 때의 노랑은 진한 컬러보다는 형광빛 옅은 노랑이, 꽃보다는 잎이 일본조팝나무처럼 밀도감 있게 깔리는 것이 좋다. 이때 버베스쿰이나 엘리우스처럼 신비감을 더해주는 은청색 소재와 함께 식재하면 더욱 특별한 느낌을 줄 수 있다.

### 밝고 가벼운 노란색의 마법

노란색은 가장 밝고 가벼운 색이다. 누구나 거부감 없이 노란색을 좋아하는 이유는 예부터 황금을 좋아하던 인간의 본능적인 호감 때문이라고 한다. 노란색은 언제나 밝음의 성질을 가지며 명랑하고 활발한 이미지를 나타낸다. 우울한 분위기를 없애거나, 보다 긍정적인 사고를 필요로 할 때 사용된다. 노란색은 배경이 될 수도 있고, 어떤 위치에서는 포인트가 될 수도 있다. 노란색을 정원에서 어떻게 활용할 것인가는, 정원사에게 던져진 도전적인 숙제다.

노란색이 하얀색을 만나면 한층 더 부드럽고 깔끔한 이미지를 보여준다. 여름은 서로 다른 무늬와 질감의 잎들을 감상하기 안성맞춤인 시기다. 초록 잎들이 주인공이 되는 정원에서 각각의 식물들이 가지고 있는 본연의 독특한 모습과, 함께 어우러졌을 때 연출되는 모습, 여기에 노란색을 가미했을 때의 신비로운 마법이 더해진다면, 단순한 녹색 위주의 정원에서는 느낄 수 없었던 즐거움이 배가 될 것이다.

**흰술패랭이꽃**
*Dianthus superbus* var. *longicalycinus*

**글라우카달맞이**
*Oenothera fruticosa*

**황금실화백나무**
*Chamaecyparis pisifera* 'Filifera Aurea'

**흰향기패랭이꽃**
*Dianthus arenarius*

### 야생화처럼 잔잔하고 부드러운 색채

잔잔한 꽃물결처럼 가끔 정원은 사람의 손길이 닿지 않은 듯 야생의 자연스러운 그림을 보여주기도 한다. 다른 색이 조금만 섞여도 쉽게 변하는 노란색 덕분에 부드럽고 고풍스런 컬러의 조합도 가능하다. 여기에 무더운 날씨의 강렬한 햇살이 더해지면 각기 다른 색상과 형태를 가진 식물들은 빛과 어우러져 볼륨감 넘치는 다이내믹한 그림을 연출해준다. 파스텔 계열의 잔잔하고 차분한 색채 배합에 생동감 넘치는 강렬한 햇살이 비춰지고 산들바람에 흔들리는 꽃잎들의 세레나데까지 연출된다면, 여름 정원의 한낮 정원에서만 느낄 수 있는 아름다움의 정점을 만끽할 수 있다.

삼색데이지
*Chrysanthemum carinatum*

올라야 그랜디플로라
*Orlaya grandiflora*

로렌시아
*Laurentia axillaris*

깨꽃 '살사 화이트'
*Salvia splenders*
'Salsa White'

벌개미취
*Aster koraiensis*

올라야 그랜디플로라
*Orlaya grandiflora*

샤스타데이지
*Leucanthemum × superbum*

짙어지는 녹색 정원과 대비되는 색으로 빨간 장미는 녹음이 짙어질수록 더욱 선명하고 강렬한 존재감을 뽐낸다. 이에 반해 부드러운 노란 장미는 흰색 올라야 그랜드플로라*Orlaya grandiflora*와 어우러져 화사하고 따사로운 느낌을 연출한다. 큰 키를 가진 청초한 느낌의 샤스타데이지는 혼자 주목을 받아도 좋지만, 배경으로 식재된 무늬지리대사초와 패랭이와의 조합 속에서도 전혀 어색함이 없다. 샤스타데이지, 헬리안서스와 같은 키가 큰 식물들은 비와 바람 혹은 자신의 무게를 견디지 못하고 쓰러지고 꺾이므로 정원의 아름다움을 조금 더 오래 간직하고 싶다면 꽃이 피기 전 미리 지지대를 만들어주는 것이 좋다.

# 4

# PURPLE COMBINATION

신비스럽고 고상한
보라색의 하모니

오감五感을 통해서 정원을 감상할 때, 가장 먼저 자극받는 감각은 시각이다. 정원은 아름다움의 결정체인 각양각색의 꽃들이 모인 곳이 아닌가? 따라서 정원은 아름다워야 하는 것이 당연하다. 하지만, 제각기 자기가 최고라고 뽐내며 경합하는 꽃들을 아무렇게나 심어도 과연 저절로 아름다워질지 의문이다. 인간의 간섭을 받지 않는 원시 대자연에서는 다른 차원의 아름다움이 자생할 수 있지만, 인간이 만드는 창조의 공간인 정원에서는 의도된 아름다움을 보여주기 위해 또 다른 질서가 필요하다. 이러한 의도는 주로 시각적인 자극, 즉 컬러에 의해서 주어진다. 각각의 색이 주는 느낌을 정원에서 찾아보자.

**네페타**

*Nepeta racemosa*

고양이들이 좋아하는 향기가 나서 영어로는 'catmint'로 불리는 허브 식물이다. 다년생 초본식물로서, 라벤더블루(lavender blue) 색의 시원한 꽃이 늦은 봄부터 초가을까지 길게 핀다. 여름 장마철을 잘 견디도록 배수가 잘되는 토양과 양지나 반그늘의 조건을 유지하면 더욱 좋은 생육을 보인다. 병충해에도 비교적 강해서 우리나라 정원에서 이용하기에 좋은 소재이다.

**클레리세이지**

*Salvia sclarea* var. *turkestanica*

키가 1m, 폭이 45cm 정도까지 자라는 부피감 있는 크기에 5월부터 8월에 이르는 긴 개화기와 매력적인 향을 자랑한다. 환경 적응력이 좋아서 자연발아가 잘되는 장점이 있으나, 파종하고 이듬해에 꽃 피고나면 사라지는 '월년초(越年草)'라서 해마다 새로 심어야 하는 번거로움이 있다. 향과 약성(藥性)이 좋아 허브 식물로 자주 애용되며, 정원에 심어 배경으로 삼으면 아주 좋다.

**발로타**

*Ballota pseudodictamnus*

발로타는 그리스가 원산지이다, 30~40cm 정도 낮게 펼쳐진 은회색 잎이 매력적인 상록관목(常綠灌木)으로, 여름에는 하얀색 꽃이 잎과 어울려서 달린다. 강한 햇빛과 배수가 잘되는 토양을 좋아하며, 잎에 털이 많아 이슬방울을 효율적으로 흡수해 건조한 기후에 강하다. 그래서 건식 정원(dry garden)에 적합한 식물이지만, 우리나라에서는 겨울나기가 힘들어 계절성 소재로 활용하는 게 좋다.

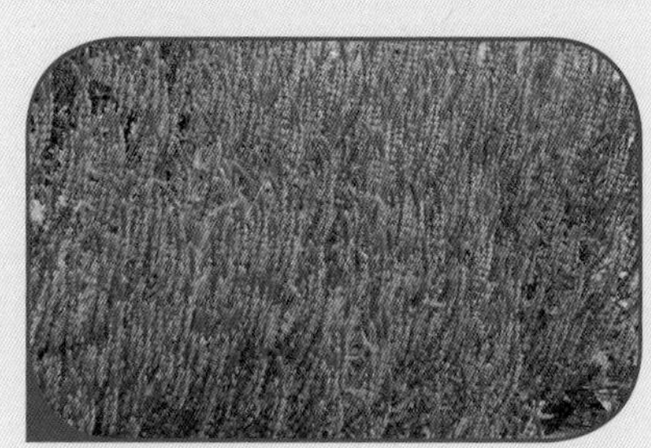

**샐비어 '아메시스트'**

*Salvia nemorosa* 'Amethyst'

한여름부터 초가을까지 긴 기간 동안 진하고 화려한 자수정(Amethyst) 같은 보랏빛 꽃이 포인트인 다년생 식물이다. 긴 꽃자루들이 한데 모여서 연출하는 색과 질감, 은은한 향까지 완벽한 소재로, 일조량이 풍부하고 배수가 잘되는 비옥한 토양을 좋아한다. 오랫동안 건강한 꽃을 피우기 위해서는, 꽃대가 시들기 시작하면 바로바로 제거하는 게 좋다.

**러시안세이지**

*Perovskia atriplicifdia*

중앙아시아 대초원이 원산지인 러시안세이지는 신비로운 은빛 줄기에 밝은 하늘색 꽃이 매력적인 다년생 식물이다. 강렬한 햇빛과 건조에 강하지만 습기를 싫어해서 배수가 잘되어야 하고, 척박한 땅에서도 잘 자란다. 워낙 수직선이 강한 특성이 있어서, 밝고 시원한 화단 연출에 좋은 포인트가 되는 소재로 최근 많이 심고 있는 추세이지만 장마 기간과 여름철에는 세심한 관리가 필요한 식물이다.

**알리움 크리스토피**
*Allium christophii*
'페르시아의 별'이라는 영어 이름처럼, 작은 별들이 촘촘히 박힌 듯 분홍빛이 도는 보라색 꽃이 매력적인 구근(球根)이다. 보통 크기가 지름 20cm 정도로, 알리움 품종 가운데 가장 크다. 잎과 줄기가 거의 보이지 않아 가분수처럼 공중에 뭉게뭉게 떠 있는 모습이 정원의 포인트로 좋고, 꽃과 꽃 사이를 채워주는 바탕 소재로서도 훌륭하다. 주로 가을에 심어서 봄에 꽃을 보는 '추식구근(秋植球根)'으로 이용하며, 꽃을 다 본 다음에는 구근을 캐고 잘 말려서 보관 후, 다시 심으면 된다. 비옥하고 배수가 잘되며 일조량이 풍부한 환경에서 잘 자란다.

**루비솔체꽃**
*Knautia macedonica*
솔체꽃과 같은 과(科)로, 습성은 대체로 비슷하다. 잎이 바닥 쪽에 있으며, 긴 꽃대에 매달려 6월부터 9월까지 피는 와인레드(wine red) 꽃의 강렬한 색채가 특징이다. 혼자 서기 힘들어서 버팀대가 되는 식물과 함께하면 더욱 효율적인 연출이 된다. 나비와 꿀벌들이 좋아해서 정원을 더욱 생동감 있게 하는 소재다. 장마철 흰가룻병(powdery mildew)에 약해서 바람이 잘 통하고 배수가 잘되는 환경에 식재하면 좋다.

**네페타 '웍커스 로우'**
*Nepeta × faassenii* 'Walker's Low'
네페타는 향기 있는 잎과 낭만적으로 펼쳐진 연보라색 꽃으로 한여름 동안 사랑받는 좋은 정원 소재다. 가운데 이름인 '× faassenii'는 네덜란드 재배가인 J. H. Faassen이 처음으로 Nepeta racemosa와 N. nepetella의 교잡종(交雜種)을 발견해서 붙인 것이며, 그다음 'Walker's Low'는 아일랜드에서 처음 발견된 장소 이름에서 비롯하였다. 진한 줄기 색 덕분에 그 보라색 톤이 더 깊고 풍부하다. 이른 봄부터 가을까지로 개화기가 긴 것이 특징이다.

## 보라색 조합

보라색은 가장 신비스럽고 고상한 색이다. 여성적이고 화려해서 유럽에서는 왕족의 색으로 자주 애용되었다. 정원에서의 보라색은 차분하면서도 품위 있으며, 특별한 분위기를 연출해 정원의 패턴으로 자주 표현되고 있다. 보라색부터 보라분홍 - 연한 분홍 - 흰색까지 농도를 달리한 경계 화단의 숙근宿根 식물은 비록 색상과 부피감이 각기 다르지만, 반복적으로 나뉘어서 질서 있는 흐름으로 아름다운 하모니를 이룬다.

가까이에 있는 커다란 뭉치의 알리움과 멀리 떨어진 솔체꽃의 거리감을 진한 와인 색으로 좁혀주며, 배경과 완충 공간으로 펼쳐진 네페타의 보라색이 더욱 고상한 아름다움을 이어준다.

**차이브 '코르시칸 화이트'**
*Allium schoenoprasum* 'Corsican White'
차이브(chive)는 백합과의 여러해살이풀로 '서양 부추'로도 불린다. 보라색이 일반적이나, 이탈리아의 코르시카에서 유래한 이 품종은 하얀 꽃을 피워 정원에 화사함을 준다.

**에린지움 '빅 블루'**
*Eryngium × zabelii* 'Big Blue'
은빛 줄기에 파란색 꽃이 신비롭고, 꽃과 잎에 난 가시들은 질감에 특별함을 더한다. 강한 햇빛을 받는 건조한 환경에 포인트 식재로 좋다.

**알리움 크리스토피**
*Allium christophii*
가을에 심어 봄에 꽃을 보는 '추식구근(秋植球根)'으로, 분홍빛이 도는 보라색 꽃이 매력적이다.
지름 20cm 정도로 알리움 품종 가운데 가장 크며, 포인트나 바탕 식재로 모두 좋다.

## 보라색 계열의 스펙트럼

파란색과 빨간색, 자극적인 두 가지 색의 중간 스펙트럼에 보라색 말고도 붉은색에 가까운 자주색이 더 있다. 보라색은 파란색을 더 담은 '바이올렛violet', 자주색은 빨간색을 더 담은 '퍼플purple'로 각기 따로 불리지만, 정원에서 감상하기에는 둘 다 비슷비슷한 느낌을 전한다. 차이브나 에린지움 같은 식물의 꽃 안에서 보라색-흰색의 조합이 적지 않은데, 이는 자연스럽고 익숙한 어울림으로 느끼게 한다. 흰색과 어우러진 비슷한 색감을 지닌 보라색 계열의 스펙트럼spectrum은 녹색 정원을 바탕으로 고상하면서도 차분하고 시원한 편안함을 느끼게 해준다.

진보라빛 색감을 느끼게 하는 샐비어 '카라도나'(*Salvia nemorosa* 'Caradonna')와 진자줏빛 멘지에시오이풀(*Sanguisorba menziesii*)의 조합

잉글리쉬라벤더(*Lavandula angustifolia*)의 보라색을 더욱 신비롭게 하는 커리플랜트(*Helichrysum angustifolium*)

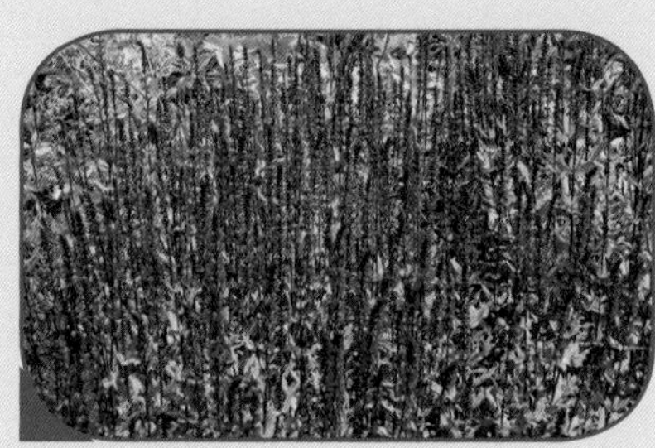

**샐비어 '카라도나'**
*Salvia nemorosa* 'Caradonna'
이른 봄부터 피는 강렬한 보라색 꽃이 시원한 느낌을 준다. 강한 햇빛과 건조 기후에 강해 여름 정원에서 사랑받는 소재다. 꽃이 진 후 잘라주면 다시 개화하므로, 긴 여름에 제격인 식물이다.

"
함께하는 식물의
색상과 질감에 따라
비슷한 듯 다르게 표현되는
보라빛 색감
"

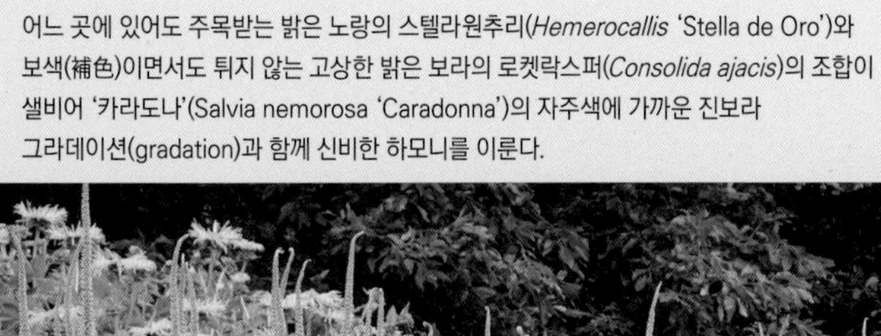

어느 곳에 있어도 주목받는 밝은 노랑의 스텔라원추리(*Hemerocallis* 'Stella de Oro')와 보색(補色)이면서도 튀지 않는 고상한 밝은 보라의 로켓락스퍼(*Consolida ajacis*)의 조합이 샐비어 '카라도나'(Salvia nemorosa 'Caradonna')의 자주색에 가까운 진보라 그라데이션(gradation)과 함께 신비한 하모니를 이룬다.

**팔루스트리스대극**
*Euphorbia palustris* L.
6~7월의 초여름 녹색 줄기 끝에 형광(螢光)의 노란 꽃이 핀다. 약간 축축한 땅의 양지나 반음지에서 건강하게 자라며, 시든 꽃을 미리 잘라주면 오래도록 꽃을 감상할 수 있다.

**숙근제라늄 '오리온'**
*Geranium pratense* 'Orion'
커다랗고 진한 꽃이 부피감이 있어서 숙근(宿根) 화단의 가장자리나 배경 식재로 좋다. 우리나라의 쥐손이풀과 같은 속(屬)으로, 고온다습한 환경만 극복하면 양지뿐만 아니라 반음지에서도 잘 자라 우리 정원에 적합하다.

**샐비어 '아메시스트'**
*Salvia nemorosa* 'Amethyst'
한여름부터 초가을까지 긴 시간 동안 진하고 화려한 보라색 꽃이 포인트인 다년생 식물로, 향과 색, 질감이 완벽한 소재다. 풍부한 일조량, 배수성 및 토양이 좋은 환경에서 잘 자란다.

"
비 온 뒤 청명하고 선명한 느낌으로,
밝고 화사하면서도 부드러운 색감을 연출하는 정원이다.
보라색, 노란색, 자주색의 하모니가
자극으로 피로한 눈을 시원하게 한다.
"

# 5

# SILVER COMBINATION

## 우아한 은빛 컬러의 향연

우아하고 품위 있는 노신사의 백발처럼, 은은하면서도 전혀 초라하지 않은 은빛 색감을 이룬다. 그냥 어둡고 무거운 회색 톤tone이 아닌, 환하고 고상한 이 은빛 색은 정원 식물을 표현할 때 아주 특별한 느낌으로 다가온다. 강렬하고 화려한 빨강이나 노랑, 오렌지 같은 색깔의 배경으로 묻히면, 강한 색의 피로감을 진정시키고 자칫 유치해질 분위기를 고상한 하모니로 연출한다. 은은한 분홍·파랑·하양 등과 어우러지면, 그 부드러움이 더욱 섬세해지면서 우아함은 더 로맨틱해진다. 이처럼 은빛 식물의 밝은 색감은 놀라운 힘이 있어 정원에서 소외된 구석을 밝게 할 뿐만 아니라, 주변의 다른 색상인 식물과 꽃이 돋보이도록 강조해 주는 특별한 소재다.

**화이트레이스플라워**
*Orlaya grandiflora*
정원의 가장자리나 한가운데 어느 곳에서든지 긴 여름 동안 레이스처럼 밝고 우아한 분위기를 연출하는 훌륭한 소재의 식물이다. 특히 은빛 색감과 어울리면 우아함이 더욱 깊어지며, 키우기에도 까다롭지 않고 꽃 수명도 길어서 꽃장식 소재로도 자주 쓰인다.

**우단동자꽃**
*Lychnis coronaria*
우아한 은빛 색감과 부드러운 털을 지녀 '우단(羽緞)'이라는 벨벳(velvet) 질감에 비유되는 잎과 아름다운 분홍색 꽃이 대비되는 매력적인 식물로서, 여름철 최고의 포인트가 된다. 덥고 습한 우리나라 여름 기후에는 잘 녹아내리는 단점이 있으나, 배수와 환기가 잘되는 환경에서만 심으면 오래도록 감상할 수 있다.

**붉은숫잔대 '퀸 빅토리아'**
*Lobelia cardinalis* 'Queen Victoria'
어둡고 진한 자줏빛 잎이 밝은 바탕색과 대비를 이룬다. 자극적인 붉은색 꽃을 피워 인상적인 포인트를 연출해 붉은숫잔대 가운데 가장 인기 있는 품종이다.

**하설초**
*Cerastium tomentosum*
눈이 온 듯이 깔리는 은빛 잎과 새하얀 꽃이 관상 포인트로, 'snow-in-summer'라는 영어 이름이 잘 어울린다. 일조량이 풍부하고 배수가 잘되는 환경을 좋아하므로 장마철만 잘 견디면 겨울나기도 무난하다. 너무 무성하게 번지면 솎아낸 뒤 이식해 주면 보기에 더 좋아진다.

“ 진한 초록에 물든 여름 정원은 보기만 해도 눈의 피로가 풀리고 시원해지는 느낌이 들지만, 발걸음을 멈출 만큼 끌어들이는 자극은 없어 지루해지기 쉽다. 파란 하늘에 뭉게구름 깔리듯이 펼쳐진 은빛 배경의 화단이 진초록 바탕색과 대비를 이루어 어느 식물로 표현해도 주목받을 만하다. ”

**틸란드시아 스트릭타**
*Tillandsia stricta*
브라질, 아르헨티나 등 남아메리카가 고향이어서 따뜻하고 습도가 높은 지역의 나무 위에서도 잘 자란다. '에어플랜트(airplant)'라는 별칭이 있으며, 스트릭타속(屬) 특성상 변이가 많아 꽃과 잎이 다양한데다 환경 적응력도 뛰어나 사람들이 즐겨 애용하는 식물이다.

**금어초 '카나리아 버드'**
*Antirrhinum majus* 'Canary Bird'
로마 시대부터 사랑받던 식물이다. 커다란 줄기에 차례로 달린 연노란 꽃이 길게 이어지며, 꽃 색깔이 다양하고 화려하다. 뻐끔거리며 헤엄치는 금붕어를 닮았다 하여 '금어초(金魚草)'라 하고, 서양에서는 용의 입을 닮았다 하여 'snapdragon'이라 한다. 원래는 가을에 뿌려서 봄에 개화하는 숙근초(宿根草)이지만, 실용적으로는 일년초로 취급하고 있다.

**토끼꼬리풀**
*Lagurus ovatus* 'Victoria'
부드러운 감촉의 토끼 꼬리를 닮은 꽃이 인상적인 소재다. 여름에 피면서도 습한 환경을 싫어하는 지중해 원산의 일년초다. 색감이 부드럽고 맑은 금어초 '카나리아 버드'와 어우러진 토끼꼬리풀의 부드러운 질감이 편안한 장면을 연출해 준다.

> “ 은빛 색감은 아이보리나 흰색 등 밝고 연한 느낌의 색과 만나면 부드러움과 우아함이 더해진다. 또한, 붉은색과 분홍 같은 진하고 강한 색을 더욱 돋보이게 하는 매력적인 바탕 색상이기도 하다. ”

**코스모스 '핫 핑크'**
*Cosmos bipinnatus* 'Hot Pink'
우리에게 친숙한 들꽃 같은 코스모스는 멕시코 등 북아메리카가 고향인 한해살이 식물이다. 우리나라 길가나 들녘의 가을을 추억하게 하던 코스모스를 한여름에 볼 수 있도록 개발된 이 '핫 핑크' 품종은 크기가 아담하면서도 화려한 꽃 색과 넓은 꽃잎이 인상적이다.

**분홍목마가렛**
*Argyranthemum frutescens* 'Angelic Fuchsia'
국화과 여러해살이풀이다. 봄부터 가을까지 꽃은 계속 피나, 풍성한 개화를 위해서는 한 차례 꽃대를 잘라주고 잠깐 기다려야 한다. 우리나라에서는 겨울나기가 어려워 노지(露地)에서는 일년초화처럼 쓰인다.

**샐비어 '아메시스트'**
*Salvia nemorosa* 'Amethyst'
한여름부터 초가을까지 긴 기간 동안 진하고 화려한 자수정(Amethyst) 같은 보랏빛 꽃이 포인트인 다년생 식물이다. 긴 꽃자루들이 한데 모여서 연출하는 색과 질감, 은은한 향까지 완벽한 소재로, 일조량이 풍부하고 배수가 잘되는 비옥한 토양을 좋아한다. 오랫동안 건강한 꽃을 피우기 위해서는 꽃대가 시들기 시작하면 바로바로 제거하는 게 좋다.

**장미 '라이다'**
*Rosa* 'Lyda Rose'
스웨덴 말로 'Lyda'는 복종하다 또는 지배받는다는 뜻이다. 야생형(wild-type)의 관목성 장미인 'Lyda Rose'는 키가 1.2m 정도로 자라는 홑꽃이다. 노란색 수술을 중심으로 하얀 바탕에 분홍색 가장자리의 꽃이 다발처럼 뭉쳐서 여름-가을에 피는 것이 특징이다.

**은쑥 '실버 킹'**
*Artemisia ludoviciana* 'Silver King'
흔히 보이는 길가의 쑥처럼 왕성한 생명력을 자랑하는 생육 특성이 있다. 은백색의 줄기와 잎이 주변을 환하게 밝히며 부드러운 조화를 연출하는 다년초 소재다. 척박하고 건조한 양지에서 잘 자라므로, 습하고 그늘진 곳은 피하는 것이 좋다.

## 은빛 감성 하모니

안개 낀 풍경이 자아낸 몽환적 신비감이 도는, 은쑥이 낮게 깔린 자리. 부드러운 두 뭉치의 장미가 밝고 환한 미소를 머금는다. 안개 속의 산 그림자가 신비감을 더하듯, 짙은 보랏빛의 샐비어가 적절한 무게감으로 흐름을 이어가며 진한 초록의 바탕에 서양화 그림처럼 아름다운 선을 그려준다.

Garden Plant Combination 50

**노랑톱풀 '클로스 오브 골드'**
*Achillea filipendulina* 'Cloth of Gold'
톱풀 중에서 부피감이 가장 큰 품종이다. 가는 줄기에 지탱하기 어려울 정도의 뭉치 꽃이 피어서 넘어지기 쉬우므로, 버팀대나 키낮추기 전정(剪定)을 미리 해주면 좋다. 배수가 잘되고 해가 잘 드는 곳에서 6월에서 9월 정도까지 비교적 길게 꽃을 피운다.

**휴케라 '캐러멜'**
*Heuchera* 'Caramel'
다른 휴케라에 비해 우리나라의 무덥고 습한 여름에 내성이 있는 품종으로, 아름다운 오렌지빛 살구색의 잎이 관상 포인트이다. 남부 지방처럼 겨울이 비교적 따뜻한 지역에서는 상록(常綠)으로 겨울나기가 가능하며, 중부 지방에서는 낙엽이 지는 다년초로 쓰인다.

## 흉내 낼 수 없는 자연 빛깔의 조화

자연 색상인 식물의 색은 빛 흐름에 따라 빛깔을 바꾸며 흉내 내기 어려운 특유의 고유한 톤의 매력이 발산된다. 인공 색상으로는 그 디테일을 표현할 수 없을뿐더러 분위기조차 흉내낼 수 없는 식물의 그 특별한 은빛 색감은, 이웃하는 어느 천연 색과도 조화를 잘 이룬다. 휴케라 '캐러멜' 특유의 노을빛에 노란색 그라데이션처럼 톱풀이 밝은 에너지를 더한다. 여기에 뭉게구름처럼 푹신한 질감의 은빛 산토리나가 채워짐으로써 높이와 색감 그리고 포근한 느낌까지 어우러진 장면이 연출된다.

**산토리나 '나나'**
*Santolina hamaecyparissus* 'Nana'
강렬한 은빛의 깃털 같은 잎이 촘촘한 쿠션처럼 풍부한 질감을 이루는 게 포인트인 식물이다. 해가 잘 들고 건조한 환경을 좋아하므로, 우리나라 여름을 견디기 힘든 허브 식물로서 제한적으로 이용된다.

**자주달개비**
*Setcreasea purpurea*
식물에서는 아주 보기 드문 진한 자주보랏빛 줄기와 잎에 어울리는 분홍색 꽃을 여름에 피우는 열대성 다년초다. 우리나라 겨울에는 온실로 들여야 하는 번거로움이 있지만, 독특한 색감과 표현력이 강렬하기에 여름 정원에 특별함을 더한다.

**백묘국 '뉴 룩'**
*Senecio cineraria* 'New Look'
하얀색에 가까운 은빛의 잎에 노란색 꽃을 피우는 특별한 소재다. 일반적인 백묘국은 잎이 갈라져 있지만, 이 품종은 잎이 붙어 있는 게 특징이다. 원산지인 지중해 지역에서는 상록성 다년초이나, 온대 지역에서는 일년초로 취급된다.

**특별한 주목**

자주색달개비의 독특한 어두운 색과 환히 빛나는 은빛 백묘국의 개성 강한 대비는 선을 그으며 특별한 주목을 끈다. 같은 은빛과 보라 톤의 색이지만, 헬리크리섬과 버베나*Verbena* 'Homestead Purple'의 부드러운 조합은 대비가 아닌 섞여서 한데 어우러진 하모니로 밝은 분위기를 보여준다. 이처럼 특별한 흐름이 이어지는 화단의 배치 중심에는 은빛 소재의 식물들이 고상함과 차별성을 더하고 있다.

**목마가렛 '로얄 헤이즈'**
*Argyranthemum foeniculaceum* 'Royal Haze'
'목마가렛'이라 불리는 여러 품종 중에서 잎이 가늘고 키가 크게 자라는 종으로, 노란 심의 하얀 꽃을 피워 화단의 배경으로 좋은 소재다. 본디 국화과 여러해살이풀이지만, 우리나라에서는 일년초화처럼 쓰인다.

**헬리크리섬 페티올라레**
*Helichrysum petiolare*
남아프리카 원산지인 여러해살이 지피식물로, 주로 정원의 가장자리나 수목을 타고 올라가면서 펼쳐지는 은빛 하트 모양의 잎이 아름답다. 키가 약 60cm, 폭은 1.5m 이상까지 자라나 둥그런 형태를 이룬다. 잎이 늘어지며 펼쳐지는 특성은 벽걸이화분 장식용으로도 그만이다. 우리나라에서는 겨울나기가 어려우나, 플랜터박스(planter box)나 화단에서 부드러운 분위기를 연출하기에 좋다. 다습한 환경을 싫어하고 배수가 잘되는 햇빛 아래서 가장 좋은 모습을 보여준다.

# 6

# GREEN COMBINATION

## 싱그러운 초록의 그라데이션

"자연은 최고의 스승이다." 인류 최상의 디자이너인 레오나르도 다빈치가 한 말이다. 자연스럽다는 표현은 억지로 꾸미지 않아 어색한 데가 없다는 뜻이다. 아무리 보아도 질리지 않는 편안함, 그러면서도 결코 촌스럽지 않은 세련된 디자인은 여전히 자연에 그 해답이 있다. 스스로 환경을 만들며 살아가는 독립영양생명체인 식물과 달리 인간은 환경에 지배를 받는 종속영양생명체이면서도, 마치 이 땅의 지배자인양 행세하며 자연의 질서를 어지럽히고 있다. 인간에게 진정 필요한 것은 욕심을 버리고 다시 자연과 동화된 삶일지도 모른다. 식물들이 공존하는 모습이 아름다운 하모니가 되는 공간, 그곳이 정원이 아닐까 생각해본다. 색감도 질감도 마치 한 폭의 명작을 담아낸 듯 은은하면서도 품격 있게 어우러진 즐거움의 공간에서 우리는 식물들이 보여주는 향연에 그저 감동할 뿐이다.

**샤스타데이지**
*Leucanthemum × superbum*
샤스타데이지는 우리의 구절초와 비슷한 꽃이지만, 깨끗한 흰색 꽃잎이 일 년 내내 만년설에 덮여 있는 산 정상의 흰 눈을 연상시켜서 이름이 붙여졌다. 4~6월에 꽃이 피는 다년생 식물로, 무덥고 습한 여름철에만 잘 관리하면 키우기 쉽고 꽃이 아름다워 정원용 그리고 꽃장식용으로 인기가 많다.

아미 '그레이스랜드'
*Ammi majus* 'Graceland'
여리고 가느다란 줄기에 하얀 레이스처럼 우아한 꽃들이 붓으로 찍어 그린 것처럼 로맨틱한 분위기를 연출해 꽃꽂이 소재로도 인기가 많은 일년초 식물이다. 정원에 우아함을 자아내는 그레이스랜드 품종은 빛을 좋아하고 습기를 싫어하며, 벌과 나비에게 인기가 많다.
갈풀
*Phalaris arundinacea* L.
건초 및 가축 사료용으로 이용할 목적으로 재배를 많이 하여 잡초처럼 흔하게 볼 수 있는 식물이다. 들이나 물가에서 뿌리 줄기가 옆으로 뻗으면서 번식한다. 꽃은 6월에 이삭 모양의 원추꽃차례로 가지 끝에 길이 10~17cm의 엷은 녹색으로 피며, 원예종으로는 잎에 흰줄 무늬가 있는 흰줄갈풀이 있다.

**쉴링기아이 대극**
*Euphorbia schillingii*
쉴링기아이 대극은 자생식물인 암대극처럼 좁은 잎 가운데 선명한 줄이 있으며, 곧게 자란 줄기에 여름과 가을에 두 번 형광펜처럼 밝고 선명한 노란색 꽃이 피는 다년생 초본 식물이다. 독성이 있는 유백색 수액은 피부와 눈에 자극을 주므로 주의해야 한다.

**아미(레이스플라워)**
*Ammi majus*
레이스플라워(Lace flower)는 하얀 부채를 펼쳐놓은 듯한 부드럽고 우아한 모양의 꽃이 매력적이다. 미나리와 같은 산형과의 한해살이풀로 그레이스랜드 아미 품종보다 꽃이 더 뭉쳐서 피는 경향이 있다.

**디기탈리스 루테아**
*Digitalis lutea*
영명으로 Small yellow foxg love라고 불리는데 이름에 이 식물의 형태적 특징이 모두 들어있다. 디기탈리스 중에서 가장 작고, 좁은 잎과 꽃이 야생화 타입으로 자라며, 아이보리에 가까운 꽃은 초여름부터 중반까지 핀다.

### 생명과 예술의 원천인 자연의 색

우리에게 자연은 생명의 원천이고 무한한 감성과 창작의 보고이자 거대한 예술의 갤러리이다. 큰 나무 그늘 아래 자그마한 자리는 눈길이 갈만큼 압도적이지는 않지만 그들만의 아늑한 보금자리로, 초록 식물이 살아 숨 쉬는 생명력 가득한 공간이다.

싱그러운 초록이 자극적이지 않은 그라데이션 효과를 준 것처럼 연출되어 있는 모습은, 바라만 보고 있어도 눈이 편안해진다. 아무 생각 없이 은은한 초록빛 물결을 보고 있노라면 피로가 풀리는 것 같고, 지친 몸과 마음이 안정되는 느낌이 든다. 진정한 쉼은 나무 그늘 밑에서이고 수많은 예술가들과 세상을 바꿀만한 위대한 이론도 바로 여기서 탄생한 것이 아닐까. 정원사는 경관을 창조하는 예술가이지만 다른 장르와 달리 위대한 동반자가 있어 정원사는 그저 그곳에서 잘 살 수 있는 식물들을 선별하고 심어만 주면 나머지는 자연이 알아서 수많은 관계를 창조해가면서 완벽하게 빈틈을 메꾼다. 각자가 있어야 할 곳에서 꽃을 피우고 사랑을 나누며 아름다운 생태계가 유지되고, 우리는 그 속에서 끊임없이 새로운 이야기들을 찾게 된다.

## 아름다운 공존

개성이 전혀 다른 식물들이 만나 아름다운 조화를 이루며 지속가능한 삶과 생태를 영위하는 공존의 공간은 인위적으로 조성된 정원이라는 한계에서도 존재한다. 정원에서 의도적으로 연출된 식물들은 언제나 새로운 콘셉트, 새로운 디자인, 새로운 소재에 목말라 하고 있다. 그 새로움을 충족시키기 위해 우리는 다시 자연으로 향해야 한다. 대자연은 고갈되지 않는 영감의 무한한 원천이자, 무엇이든 창조할 수 있는 방대한 모델과 소스를 보유하고 있는 명작의 산실이다. 상상을 현실로, 보이지 않는 것을 보이는 형상으로 만드는 작업에는 깊은 사색과 관찰을 바탕으로 교감을 영감으로 바꾸는 과정이 수반되어야 한다. 아래 사진에 보이는 다알리아와 아미, 그리고 수크령은 형태와 컬러는 물론이고 질감까지 어느 것 하나 비슷한 속성이 없지만 서로 이웃하면서 어두움은 밝음을 돋보이게 하고 섬세함과 부드러움은 거친 다알리아의 빈틈을 채우며 더할 나위 없는 하모니를 보여준다.

**다알리아 '해피 싱글 파티'**
*Dahlia* 'Happy Single Party'
매력적인 다크 브론즈의 어두운 잎과 대조적인 밝은 노란색의 꽃이 돋보이는 다알리아 품종이다. 보통 7월부터 피기 시작한 꽃은 서리가 오기 전까지 계속 이어진다. 다알리아는 중앙·남아메리카 원산지로 겨울에는 구근을 캐내어 얼지 않게 보관한 후 이른 봄에 다시 심어야 한다.

**수크령 '하멜론'**
*Pennisetum alopecuroides* 'Hameln'
우리나라를 비롯한 동아시아가 원산지로 자생식물처럼 거의 손이 가지 않는 소재이면서 일 년 내내 우아한 자태를 잃지 않는 가성비가 좋은 식물이다. 특히 이른 여름부터 가을까지 이어지는 부드러운 질감의 꽃이 감상 포인트로, 생화나 드라이플라워 등 꽃장식에도 많이 활용된다.

# GARDEN PLANT COMBINATIONS

PART
2

# COMBINATIONS BY
# SEASON

# 7

# SPRING GARDEN COMBINATION

## 화려함의 절정, 봄의 화단

'정원사가 봄을 기다리듯 기적을 기다리라'는 생텍쥐페리의 말처럼 긴 어두움의 터널처럼 삭막하고 음습했던 대지에 온갖 아름답고 화려한 꽃들이 일제히 앞 다투어 피어나는 봄은 기적처럼 매년 우리에게 찾아온다. 화려함의 절정을 맛볼 수 있는 봄은, 많은 이에게 찬사와 경탄의 감동을 자아내기 위해 정원사가 가장 분주해지는 시기이며 일 년 중 가장 화려한 연출이 가능한 설렘과 기다림의 순간이기도 하다.

**봄이 만드는 컬러의 '하모니'**

봄에는 감당하기 힘들만큼 많은 꽃들이 한꺼번에 일제히 피어나 어지러울 만큼 앞다투어 화려한 아름다움을 보여준다. 하지만 너무 강렬하고 다양한 컬러로 인해 오히려 정원이 혼란스러워 보일 수도 있는 계절이다. 따라서 여러 색의 물감을 가지고 자유자재로 능숙하게 화가가 그림을 그리듯 다양한 컬러와 질감을 갖고 있는 꽃과 나무들을 적재적소에 배치해 각각의 개성을 살려주어야 한다. 그래야만 혼란스러움을 극복하고 화려한 꽃들의 아름다움이 한층 더 눈이 부시게 봄의 정원을 빛나게 해줄 수 있다.

키 작은 초화류만으로 정원을 조성하다 보면 때로 너무 평면적이고 단조로운 지루함을 줄 수 있다. 넓은 평면에 와이드하게 특별한 의도를 가지고 연출하는 행사용 화단이 아니라면, 이를 보완하기 위해서는 단풍나무와 같은 교목과 철쭉류 같은 관목을, 그리고 사진의 구상나무나 서양측백나무 '에메랄드 골드'처럼 중심을 잡아줄 기본 골격으로 침엽수를 추천하고 싶다. 사철 변하지 않는 모양과 색을 유지하는 침엽수가 너무 많으면 식상할 수 있지만 적재적소에 조화롭게 어울린다면 깊이감 있는 볼륨을 더 할 수 있다.

**서양측백나무 '에메랄드 골드'**
*Thuja occidentalis* 'Emerald Gold'
서양측백의 원예품종 중 하나로 특별한 관리가 없어도 수형이 원추형으로 깨끗하고 밝은 황금색 잎이 사철 아름다운 상록수이며 월동도 잘 된다.

### 초록의 배경, 정원의 풍경을 이야기하다

정원에서의 아름다운 배경은 조화로움의 기본이다. 아기자기하고 낮은 화단을 더 돋보이게 하는 나무들은 화려한 꽃들을 더욱 빛내주는 싱그러운 초록 바탕색이고 더할 나위없는 최고의 콤비로 훌륭한 배경이 되어준다.

**1.** 키가 가장 작은 꽃잔디로 시작해서 일본조팝나무와 화살나무 그리고 숲을 이루는 참나무까지, 지피에서 관목과 교목으로 이어지는 순차적인 높이는 안정감을 주고 진한 초록의 바탕이 가까이에 보이는 분홍과 노랑, 빨강의 색을 더욱 돋보이게 해준다. **2.** 비정형으로 다듬은 회양목의 초록색 경계를 바탕으로, 백철쭉과 어울려 식재된 흰색과 청색의 비올라 팬지가 차분하고 정갈한 느낌을 준다. **3.** 직선으로 경계 펜스를 두르고 있는 연녹색 회양목과 주황색과 노란색 에리시멈이 무난한 조화를 보여준다. **4.** 경계가 없는 화단에 자연스럽게 늘어지는 흰색 물망초와 보라빛 알리움이 포인트를 주고 있다.

### 정원의 지속가능성, 숙근초 콤비네이션

일년초 화단은 눈에 확 띄어 주목을 끌거나 단 시간에 화려한 연출을 해야 할 때는 유용하지만 평면적인 배치로 인해 입체감과 깊이감이 떨어져 지루하고 식상해지기 쉽다. 초화 중심의 구성 역시 다양성이 떨어지고 자주 교체해 주어야 하는 번거로움으로 손이 많이 가 최근에는 그 활용도가 줄어들고 있는 추세다. 일년초 화단의 단점을 보완하고 완성도를 높이려면 수목과 함께 다양한 볼륨과 질감의 다년생 숙근초를 배치해야 한다. 주로 꽃을 갖고 디자인하는 일년초와는 달리 꽃이 없을 때에도 잎과 줄기의 형태와 질감까지 관상 포인트가 되어주고 단풍과 겨울의 시든 모습까지도 계절감 있는 운치를 제공하기에 좋은 콤비네이션이 될 것이다.

우측 사진

① **디기탈리스** *Digitalis purpurea*
② **작약** *Paeonia lacitiflora* 'Pall'
③ **샤스타데이지** *Leucanthemum × superbum*
④ **우단동자꽃** *Lychnis coronaria*
⑤ **무늬옥잠화** *Hosta plantaginea* cv

**오랫동안 눈에 간직되는 봄꽃 '팬지'**

장미 다음으로 많은 사랑을 받는 초화로 겨울 동안 황량했던 화단을 색색으로 물들이는 팬지는 유럽 원산인 야생팬지*Viola tricolor*가 그 조상으로, 가장 오래된 꽃피는 재배식물 중 하나다. 흰색, 노란색, 자주색 꽃이 피거나 여러 색상이 혼합된 꽃이 있고 교배종이 많아 최근엔 다양한 색상의 꽃을 볼 수 있다.

팬지는 제비꽃*Viola*을 육종 개량한 꽃으로, 3월 중순부터 7월까지 피는데 제비꽃은 온대지방이 원산으로 종류가 400~500종으로 무척 많다. 일년초 중에서 내한성이 가장 강한 초화로 이른 봄부터 식재가 가능하지만 한여름에는 생육이 좋지 못해 사그라지는 특성이 있다. 최근에는 고온에 강한 품종들이 개발되고 있으며 국내에서도 농촌진흥청에서 개발한 '타이니 바이올렛'을 비롯해 25품종이 있다.

팬지 화단은 혼자일 때보다 다른 식물과 어울릴 때 그 화려함과 아름다움이 배가되어 환상적인 장면을 연출해 준다.

*Viola hybrida* 'Sorbet series'
솔벳 시리즈 품종의 팬지는 많은 팬지류 중에서 꽃이 너무 크지 않고 다양한 컬러로 화단을 풍성하게 채울 수 있어 최근에 이른 봄 화단 식물로 많이 이용되고 있다.

휴케라 '캐러멜'
*Heuchera* 'Caramel'

매발톱꽃
*Aquilegia* × *Hybrida*

실바티카물망초
*Myosotis sylvatica*

아이슬란드양귀비
*Papaver nudicaule* 'Champagne Bubbles Scarlet'

**영원한 봄꽃의 여왕 '튤립'**

튤립은 더 이상 말이 필요 없는 봄꽃의 여왕이다. 오직 꽃만을 왕관처럼 쭉 밀어 올려 도드라지게 해주고 밀식할수록 더욱 화려함이 배가되어 화단 초화 중에 튤립을 따라갈 소재가 없다. 지금은 봄 꽃 축제 어디에서나 쉽게 볼 수 있지만 한때는 매우 귀한 대접을 받던 꽃이었다. 튤립 품종은 세계적으로 3,500종이 넘고 지금도 계속 신품종이 나오고 있다.

같은 품종끼리 모아서 식재할 때는 유사색 조화가 무난하고 강조되는 진한색과 연한색의 색채 비율과 키 높이, 그리고 개화기를 잘 고려해서 가을에 구근을 식재해야 한다.

오렌지엠페럴 품종의 튤립 컬러와 싱그러운 초록의 봄 빛깔이 잘 어울린다.

여러 품종을 한 화단에 심을 때 좀 더 과감하고 다양한 시도와 연출이 가능해 최근에 많이 식재되는 패턴이며 아예 묶음으로 판매되는 상품도 출시되어 무엇을 심을지 고민하는 일반인들에게 좋은 가이드라인을 제공하고 있다.

튤립은 어느 위치에 있어도 숨길 수 없는 화려함으로 언제나 확실한 존재감을 보여준다.

**대지를 수놓는 호화로운 꽃 카펫 '꽃잔디'**

튤립이 입체감 있는 화려함으로 봄 화단을 장악했다면 꽃잔디는 화사한 카펫 장식처럼 대지를 장악해 지면을 섬세하게 채워준다. 다년생 숙근초로 추위에도 강하고 까다롭지 않아 우리 정원에 많이 이용되는 대표적인 봄철 지피 소재다. 눈에 확 띄는 컬러로 너무 주목을 끄는 것이 장점이자 단점이 될 수 있어 주로 한 품종씩 군락을 이루도록 식재하지만 여러 품종을 섞어서 혼식하거나 무스카리처럼 다른 톤의 초화들과 어우러지면 훨씬 자연스러운 경관을 연출할 수 있다.

**꽃잔디 '캔디 스트라이프'**
*Phlox subulata* 'Candy Stripe'
흰색 바탕의 꽃잎에 붓으로 그린 듯 연한 핑크색의 줄이 있는 품종으로 아기자기하고 섬세한 아름다움이 느껴진다.

**봄기운 가득한 새싹들의 향연**

겨우내 꽁꽁 얼었던 대지에 봄이 찾아오면 지표면 아래로부터 움트는 새싹들의 몸부림이 앙상했던 나뭇가지에 파릇파릇한 봄의 생명력을 불어넣는다. 생명력 넘치는 싱싱한 새순들이 서서히 싱그러운 자태를 드러내면 온 천지에 봄기운이 가득해진다. 그래서 서양에서는 사계절의 서막을 알리는 봄을 '스프링Spring'이라 하여 땅에서부터 튀어 오르는 듯한 생명력으로 표현했는지도 모르겠다.

**최상의 식물 연출이 가능한 봄 정원**

따사로운 햇살에 정원의 생명들이 깨어난다. 세상 모든 만물의 시작이 그러하듯, 눈이 부시도록 맑고 싱그러운 연두빛 새싹들이 저마다 화사한 얼굴을 내밀며 앞다퉈 피어나는 모습은 그 자체로 감동적이다. 다양한 색으로 무장한 화사한 새싹들이 가득한 봄 정원은 어느 계절보다도 싱그럽고 생동감이 넘친다. 키가 작은 초화부터 키 큰 수목에 이르기까지 각기 다른 모양의 볼륨감을 더해주고, 형태와 질감이 다른 다양한 식물의 조화가 깊이를 더해준다. 이처럼 봄 정원의 아름다운 하모니는 자신의 최상의 모습을 표현하는 화려함의 각축장이 된다.

**양국수나무 '루테우스'**
*Physocarpus opulifolius* 'Luteus'

**큰무늬고랭이**
*Schoenoplectus lacustris* subsp. *tabernaemontani* 'Zebrinus'

**홍매자나무**
*Berberis thunbergii* f. *atropurpurea*

화가가 밝고 선명한 물감으로 그림을 그려 펼쳐놓은 듯하다.
다양한 컬러의 식물들에 붓으로 터치하듯 질감이 다른 형태들이 조화를 이루니,
생동감 넘치는 최상의 장면이 연출된다.

**일본조팝나무**
*Spiraea japonica* 'Gold Mound'

**삼색조팝나무**
*Spiraea japonica* 'Goldflame'

**무늬꽃창포**
*Iris ensata* 'Variegata'

### 봄의 시작을 알리는 화려한 노란 새싹

병아리가 생각나는 봄의 대표적인 색상은 노란색이다. 새로움과 흥분, 즐거움과 놀라움은 노란색에서 시작된다. 기나긴 겨울을 뚫고 나온 새싹의 싱그러운 연두빛과 함께 노란색은 봄 정원의 시작을 알리는 신호다. 옅은 노란색에는 청초하고 상냥한 이미지가, 진한 노란색에는 차분하고 어른스러운 이미지가 담겨 있다. 노란색은 시선을 집중시키는 효과가 크기 때문에 주변 식물들과 어우러져 돋보이는 경관을 연출할 때 사용하면 효과적이다.

**스프리움세덤 '부두'**
*Sedum spurium*
'Voodoo'

**세덤 '안젤리나'**
*Sedum rupestre*
'Angelina'

**황금실화백나무**
*Chamaecyparis pisifera*
'Filifera Aurea'

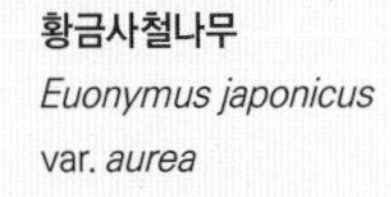

**황금사철나무**
*Euonymus japonicus*
var. *aurea*

**삼색버드나무**
*Salix integra*
'Hakuro-Nishiki'

**일본조팝나무 '골든 프린세스'**
*Spiraea japonica* 'Golden Princess'

진하기가 다른 새싹들의 맑은 모습은 어린아이들의 순수한 미소처럼 청초하고 맑다. 아이들이 해맑게 친구들과 어울리듯 이웃하는 그 어느 식물과도 잘 어울리며 우리 눈을 맑게 정화시켜 준다.

**헬리크리섬 페티올라레**
*Helichrysum petiolare*

**황금사철**
*Euonymus japonicus* var. *aurea*

**멕시칸세이지**
*Salvia leucantha*

**황금풍지초 '올 골드'**
*Hakonechloa macra* 'All Gold'

**은청개고사리**
*Athyrium niponicum* var. *pictum*

**정원수가 펼치는 4월의 그라데이션**

햇살을 머금은 새싹은 꽃보다 아름답다. 붉은빛을 잔뜩 머금은 매자나무는 지난 겨울 날카롭기만 했던 가시를 숨기고 화려한 봄의 여인이 되기 위해 불그스름한 잎을 품고서 한껏 멋을 낸다. 멀리서 보면 '무슨 꽃이길래 저렇게 예쁘게 피었을까?'라는 착각을 할 정도로, 새싹에 그라데이션gradation 효과를 준 것처럼 오묘한 자태를 뽐내는 삼색버드나무는 꽃이 아니더라도 충분히 아름다울 수 있다고 시위하는 듯하다. 분주히 움직이는 나비와 벌들이 꽃으로 착각하고 다가와도 누구 하나 이상하다는 생각을 못할 만큼 말이다.

**홍단풍나무**
*Acer palmatum* var. *amoenum*

**삼색버드나무**
*Salix integra* 'Hakuro-Nishiki'

**홍매자나무**
*Berberis thunbergii* f. *atropurpurea*

**삼색버드나무**
*Salix integra* Hakuro-Nishiki

새싹은 연두빛의 녹색만 있는 것이 아니다. "Leaf green, apple green, forest green, olive green, cobalt green, peacock green, sea green, evergreen, jade green…." 너무도 많은 녹색의 범주에서 어느 한 색이라고 딱 꼬집어 말할 수 없을 만큼, 다양한 녹색의 새싹들이 산, 들, 계곡에서 자라나고 심지어 바위틈새에서 자라는 잡초마저도 봄이 왔다고 알려준다.

**자작나무**
*Betula platyphylla* var. *japonica*

**흑맥문동**
*Ophiopogon planiscapus* 'Nigrescens'

흑백의 밝음과 어두움이 이렇게 아름다우면서도 강렬하게 조화를 이루는 장면은 식물이 아니면 표현할 수 없다. 서로 다른 두 가지 톤의 조합은 화려한 멋은 없지만, 어디에서도 볼 수 없는 신선한 자극으로 안정적이면서도 차별적인 느낌을 전해준다. 살아있는 유기체인 식물이기에 이처럼 난해한 컬러도 특별한 연출이 된다.

**삼색호장근**
*Fallopia japonica* 'Variegata'

**휴케라 '다크 시크릿'**
*Heuchera* 'Dark Secret'

**화려함의 절정, 오월의 정원**

눈으로 보이는 화려함이 절정을 이루는 봄, 그중에서도 계절의 여왕이라 불리는 오월에는 갖가지 식물들이 뽐내는 다채로운 색의 향연이 정신을 차릴 수 없을 정도로 이어져 그 화려함에 흠뻑 취하게 된다. 하지만 그 화려함에는 대가가 있어서 어떻게 보면 꽃이 피어서 봄이 아니라, 이 땅에 생명이 있는 모든 것이 바쁘게 움직여 살아있는 존재감을 보여주는 계절이 봄이다. 특히 가드너들에게 오월은 여느 때보다 분주하게 움직여야 하는 시기이기에, 화려한 식물들의 자태에 빠져 넋 놓고 있을 수만은 없다. 서로 다른 색깔과 크기, 질감을 가지고 있는 식물들의 특징을 살리고 조합하여 각각의 식물들이 가진 아름다움을 극대화 시켜주는 것이 가드너들의 일이다. 그리고 그 결과물이 화려함의 절정, 오월의 정원이다. 보는 이의 마음을 빼앗고, 따스함을 불어 넣어주는 정원, 오월의 정원 속으로 들어가 보자.

**가깝게 또는 멀리, 시선에 따른 같은 화단 다른 모습**

한 공간에 시기별로 다양하고 화려한 정원을 연출하기 위해서는 일년초의 활용이 필수불가결하다. 특히, 오월의 정원은 모든 초화들이 활짝 피어 최상의 연출을 보여주기 때문에 눈이 부시도록 화려하고 아름답다. 하지만 요즘 많은 정원에서 차별성이 없는 거리 화단과 같은 평범한 연출과 잦은 초화류 교체로 인한 비용 발생, 낮은 부피감 등의 이유로 일년초가 기피대상이 되고 있음은 안타까운 일이다. 아래 사진의 일년초 화단은 다양한 색과 질감을 간직한 꽃의 아름다움을 섬세하게 붓으로 그림을 그리듯 배치했다. 멀리서 보이는 전체적인 조화로움과 가까이에서 드러나는 꽃 하나하나의 어울림을 고려해 각각의 아름다움이 모여 하모니를 이루도록 아름다움을 재창조하는 것이 정원의 예술적 영역이라 할 수 있다.

**열정적이고 강렬한 에너지를 전하는 컬러의 혼합**

기본이 되는 일차적인 색, 하나의 색을 더 이상은 분해할 수 없는 색을 원색이라고 한다. 빨강, 노랑, 파랑을 기본적으로 3원색이라고 하는데, 빨강이 주는 색채의 장점으로는 무엇보다도 강조를 꼽을 수 있다. 자칫 시선이 닿지 않아 무심코 지나갈 수 있는 구석진 화단이나 비교적 멀리 떨어진 화단 등에서 이러한 원색의 효과를 고려하여 조합하면 사람들의 시선을 한 번 더 사로잡을 수 있다.

데이지
*Bellis perennis*

팬지 '솔벳 오키드 로즈 비콘'
*Viola* 'Sorbet Orchid Rose Beacon'

리나리아
*Linaria maroccana*

페튜니아 '프리티 플로라 핑크'
*Petunia* 'Pretty Flora Pink'

식물, 특히 꽃 피는 식물을 가득 모아 자라도록 만든 장소를 화단이라고 한다. 화단은 크게 보면 베드bed와 보더border로 나눌 수 있다. 원형이나 사각형처럼 모양을 자유롭게 만들 수 있고 사방에서 볼 수 있는 화단을 '베드', 뒤에 벽이 있어 한 쪽 방향에서 보도록 만들어진 화단을 '보더'라고 한다. 이러한 두 화단 중 '베드'의 특징을 잘 살리는 방법 중의 하나는 시선에 따른 느낌의 변화를 충분히 살리는 것이다. 같은 식물의 조합이라도 약간의 시선 변화를 주면 식재 밀도와 위치에 따른 파스텔 색조의 변화 속에서 그 미묘한 차이를 느낄 수 있다.

**풍차꽃**
*Osteospermum Eklonis* 'Whirligig'

**금어초**
*Antirrhinum majus*

화단의 꽃들을 자세히 들여다보면 화려한 컬러의 금붕어를 닮은 듯 금방이라도 불을 내뿜을 듯한 용의 입을 닮은 금어초(영명 Snapdragon)가 바람에 흩날리는 듯 펼쳐진 풍차꽃과 함께 어우러져 있는 재미있는 광경을 감상할 수 있다. 시간을 가지고 천천히 여유있게 감상하면 화려함 속에 보이지 않던 세상이 열리게 된다.

# 8

# GROUND COVER COMBINATION

## 지피식물로 연출하는 생명력 넘치는 봄 정원

모두가 아름다움을 나누고 즐기도록 온 세상을 정원으로 가득 채우는 것, 아마도 모든 가드너들의 꿈일 것이다. 지구를 우주에서 바라볼 때 파란 바다와 하얀 구름 사이로 보이는 대지의 초록빛은 우리가 살고 있는 생명의 터전이다. 초록은 자연을 대표하는 색으로 이 땅을 채우고 있는 대부분의 식물 색이다. 대지의 표면을 채우는 식물들은 아주 조밀하고 빈틈없이 땅을 뒤덮으며 바탕을 이루는 이끼나 잔디 같은 구성식물부터 지표면을 수평적으로 확장시키며 펼쳐지는 다년생 숙근초, 수직적인 입체감을 키워가는 나무까지 그 생장 양태가 다양하기 그지없다.

정원에서 식물들의 경합과 조화를 상징적으로 보여주는 장면으로, 안정적인 초록과 함께 연분홍 물결을 이루며 펼쳐진 노루오줌 '스프라이트'(*Astilbe simplicifolia* 'Sprite')의 대비가 인상적이다(캐나다 부차트 가든의 일본정원).

일본의 시게모리 미래이가 조성한 이끼정원인데, 자연과 인간의 대립, 조화를 상징하듯 점점이 박혀있는 대리석 공간을 서리이끼(*Rhacomitrium canescens*)가 잠식하듯 에워싸면서 신비로운 분위기를 자아내고 있다(일본 곤고부지 이끼정원).

## 옷을 입히듯 대지를 장식하는 지피식물

키가 낮은 지피식물은 인간이 맨 살을 가리기 위해서 옷을 입듯, 거칠고 험한 대지가 그대로 노출되는 것을 가려주며, 딱딱한 모서리나 가장자리의 인위적이고 모난 바위의 거친 선들을 완화시켜 경계부를 부드럽게 조화시키는 역할을 한다. 수를 놓듯이 작은 꽃송이들이 화려한 ❶타임*Thymus* spp., ❷주머니냉이*Aethionema grandiflorum*, ❸하설초*Cerastium tomentosum*, ❹디퓨좀지치*Lithospermum diffusum*는 옷이 날개란 말처럼 단순히 지면을 덮는 기능적 구실을 넘어서 질리지 않는 다채로움을 한껏 표현한다. 이러한 지피식물은 보는 이의 심미적인 예술성을 자극하고 정원의 미적 환경을 창조해 준다.

### 뒤덮이는 강인한 자연의 생명력

지형 특성상 경사지나 언덕에 정원을 조성하다 보면 효율적인 공간 활용을 위해서 담을 쌓게 된다. 직선으로 쌓는 돌담의 특성상 그대로 드러나는 거칠고 험한 가장자리는 결코 보기 좋은 경관은 아니다. 그 날카로움과 삭막함을 최대한 자연스럽고 부드럽게 감싸 안으며 분위기를 전환시켜주는 최고의 소재가 바로 지피식물이다. 생태적인 측면에서도 친환경적인데, 가리거나 감추고 싶은 공간을 아름다운 생명력으로 가득 채워주는 역할을 한다.

자연스럽게 늘어지며 강인한 생명력의 흐름과 기분 좋은 향기를 전해주는 사진 속 크리핑로즈마리처럼 포복형 식물은 더할 나위 없이 좋은 소재로, 기후 조건만 맞는다면 어느 식물과도 잘 어우러져 훌륭한 장면을 연출한다. 아래 사진에서 보듯 시선을 확 끄는 노랑알리섬과 조개나물, 너도부추의 조합은 거친 바위를 훌륭히 가려주고, 돌 틈에 피어있는 하설초는 하얀꽃을 만개하며 시위하듯 존재감을 보여준다. 이들 모두가 척박하고 건조한 돌담 위에서 잘 생장하면서 서로 어울리는 작은 식물들로, 꽃이 진 후에도 농도를 달리하는 푸르름을 잃지 않는 좋은 소재들이다. 또한 이 식물들은 경사면의 붕괴나 침식을 막고 보호하는 역할도 한다.

❶
**크리핑로즈마리**
*Rosmarinus officinalis* 'Prostratus'

❷
**너도부추**
*Armeria maritima*

❸
**노랑알리섬**
*Alyssum saxatile*

❹
**하설초**
*Cerastium tomentosum*

### 부드럽고 편안한 질감을 연출하는 그라스

왕성한 볼륨으로 부드럽게 펼쳐진 그라스 식물의 질감은 편안하고 기분 좋은 감촉을 기대하게 한다. 커다란 나무 아래 그늘진 곳을 가득 채운 소엽맥문동은 어둠 속에서도 생동감 있는 에너지를 전하듯 싱싱하게 펼쳐져 뿌리를 감싸고 보호해준다.
시스큐블루페스큐와 칼리로즈수크령은 길 가장자리와 분리된 선을 밝고 부드럽게 이어주면서 자유로운 에너지를 느끼게 한다. 미동도 없이 획일적이고 삭막한 콘크리트와 아스팔트의 직선 사이로 새의 깃털처럼 부드러운 곡선의 질감을 가진 털수염풀이 이리저리 바람에 금발머리를 흩날리며, 지나가는 도시민의 눈의 피로를 풀어주고 잠깐의 쉼을 전한다.

❶ **소엽맥문동**
*Ophiopogon japonicus*

❷ **시스큐블루페스큐**
*Festuca idahoensis* 'Siskiyou Blue'

❸ **칼리로즈수크령**
*Pennisetum orientale* 'Karley Rose'

❹ **털수염풀**
*Stipa tenuissima*

## 황금물결로 수놓은 노란 융단

화가가 하얀 캔버스 위에 형형색색의 물감으로 예술혼을 채우듯 정원사는 식물이라는 다채로운 자연의 색감을 이용해 헐벗은 대지를 아름다운 생명의 공간으로 창조한다.

화려한 ❶장미*Rosa* 'Princess Alexandra of Kent'를 더 빛나게 해주는 ❷황금세덤*Sedum acre* 'Yellow Queen'의 황금물결이 눈부시다. ❸은청가문비나무*Picea pungens*의 은은한 톤에 흐르는 듯 깔려있는 ❹안젤리나세덤*Sedum rupestre* 'Angelina'이 은은한 질감의 연노랑 보도블록 위의 오아시스처럼 작은 낙원을 연상시킨다. 정확하게 나누어진 잔디와 화단의 경계를 벗어나지 않으면서도 ❺흰우단동자꽃*Lychnis coronaria* 'Alba'을 받쳐주면서 동시에 산뜻하게 채워주는 ❻황금오레가노*Origanum vulgare* 'Aureum Crispum'는 자연스러운 연결을 해준다.

### 균형 잡힌 아름다움을 위한 조절

계절마다 식물을 교체하고 전정이나 물주기, 잡초 제거 같은 반복적인 단순 수고를 덜어 줄 수 있는 저관리형 정원이 대세인 요즘에는, 왕성한 생장력을 보여주는 관목과 다년초로 공간을 가득 채운 밀식 정원이 좋은 모델이라 할 수 있다. 식물이 정원에서 일단 자리를 잡으면 빈틈없는 밀도로 자라 자생적으로 아름다움의 볼륨을 확장시키면서 경쟁이 치열해진다. 그때 어느 한 종류의 식물이 지나치게 침범하지 않도록 조절하는 것이 정원사의 임무다.
❶엔젤릭참달개비*Tradescantia* 'Angelic Charm'의 라임과 ❷은쑥*Artemisia absinthium*의 은빛 색감의 균형이 정원의 전체적인 분위기를 주도한다. ❸황금잎복분자*Rubus cockburnianus* 'Goldenvale'의 밝은 에너지는 ❹아카에나*Acaena inermis*라는 진중한 카펫에 점점이 박혀있는 ❺흑맥문동*Ophiopogon planiscapus* 'Nigrescens'을 돋보이게 하는 효과를 낸다. 큰 나무 아래에서 소외되기 쉬운 그늘진 공간에는 ❻스미르니움*Smyrnium perfoliatum*의 활기찬 녹색과 노란색의 그라데이션만으로도 충분히 아름답다. 이후 다른 계절에 그늘의 생태적 환경에 잘 어우러질 수 있으며 또한 풍성한 효과를 이어갈 만한 소재만 추가로 구상하면 된다.

아침고요수목원에 만개한 철쭉들

### 철쭉, 핑크빛 화사함

봄이 오면 꽃은 대지에 가득한 아름다움을 펼쳐 온 세상을 사랑으로 덮는다. 핑크빛 화사함으로 물든 철쭉과 싱그러운 초록이 눈이 부시다. 아래 사진에서 알록달록한 철쭉들 사이에 ❶양국수나무 '루테우스'*Physocarpus opulifolius* 'Luteus'의 샛노란 잎이 더욱 도드라진다. 왼쪽의 만병초들은 겨우내 푸르렀던 잎을 가리며 흐드러지게 피어 있다.

### 꽃잔디, 일렁이는 꽃물결

꽃잔디*Phlox subulata*의 품종을 섞어서 심으면 한 가지만 심었을 때보다 자연스럽게 어우러져 심심하지 않다. 화려한 카펫의 꽃물결이 일렁이고 그 사이에 심긴 무스카리*Muscari armeniacum*의 대조적인 색감은 신비감을 더해줘 보는 이에게 다양한 자극을 준다.

### 튤립, 봄의 여왕

봄의 여왕인 튤립은 혼자일 때도 독보적인 화려함을 자랑하지만 다른 품종과 어우러지면 화려함이 더욱 배가된다. 특히 큰 나무 아래에 자리하게 되면 거대한 그린 커튼처럼 훌륭한 배경이 되어

깊이감 있는 연출 효과를 자랑한다. 강렬한 붉은 튤립을 받쳐주고 화려함을 더해주는 무스카리*Muscari armeniacum*의 보색은 튤립과 너무 잘 어울리는 궁합이다. 흰색 튤립은 어느 컬러와 매치되어도 부드럽고 밝은 에너지를 전해준다.

1

2

3

### 팬지, 봄을 열어주는 파스텔 톤

파스텔 톤의 꽃 팬지*Viola* spp.는 삼색제비꽃이라고도 친숙하게 불리며, 가장 먼저 봄 화단을 채워준다. 팬지는 프랑스어인 '팡세', 즉 명상이라는 단어에서 유래된 이름인데 꽃 생김새가 마치 명상에 잠긴 사람의 얼굴을 닮았다고 해서 붙여졌다. ❶물망초*Myosotis alpestris*와 ❷에리시멈*Erysimum* 'Bowle'ss Mauve', 그리고 ❸유포르비아*Euphorbia* 'Dean's Hybrid'와 함께 밝고 화사한 파스텔 톤 봄을 열어준다.

### 백합화의 우아함, 꽃창포의 청초함

우리끼리만으로도 충분하다고 말하는 듯 백합화*Lilium* Spp.가 시원스럽게 그들만의 세상으로 가득 채우고 있다. 또 깔끔하고 정갈한 색감으로 이리저리 바람에 춤을 추는 꽃창포*Iris ensata*의 몸짓은 한동안 사라지지 않을 청초함을 간직하게 해준다.

**맨드라미, 강렬함의 극치**

불타오르는 촛불, 맨드라미*Celosia cristata* 'Fiery Feather'의 향연은 집어 삼킬 듯 강렬하다. 지루하게 이어지는 기다란 길에 핀 국화의 그라데이션 컬러가 지나는 이의 발걸음을 멈추게 하고 보는 이의 눈길을 머물게 하며 거리를 좁혀준다.

**봄을 마무리하는 정원 식물들**

자연의 영역을 상징하는 녹색 식물의 공간은 높게 하늘로 치솟은 인간 구역의 키 높이 경쟁과는 확연히 다른 광경을 연출한다. 식물들의 조화로운 생명력으로 가득 찬 물결은 지상의 모든 존재들에게 수많은 유익을 나누어 주면서도 여전히 아름다워, 인간의 공간과는 분명한 차이를 보인다. 눈이 부시게 화려했던 봄을 뒤로 하고 우거지는 신록과 함께 정원의 볼륨을 더해주는 다년생 숙근초들로 잔잔하면서도 깊이감 있는 정원은 이미 여름으로 치닫고 있다.

**봄의 끝자락에서 여름을 맞이하는 풍경**

숙근초 정원은 평면적인 초화 화단보다 입체감이 크고 개화기도 각기 달라서 고려해야 할 점이 한두 가지가 아니다. 다양한 숙근초의 키와 질감 그리고 개화 시기와 컬러를 세심하게 고려해서 각 식물의 특징이 가장 잘 드러나도록 공간을 배치하는 것이 무엇보다 중요하다. 이 정원을 구성한 피트 아우돌프는 특별히 여름을 부르는 컬러인 블루톤의 ❶샐비어 '블루힐'*Salvia × sylvestris* 'Blue Hill'과 ❷샐비어 '위수위'*Salvia nemerosa* 'Wesuwe'의 시원한 흐름으로 포인트를 주었다.

정원의 기본 컬러인 잔디의 초록과 대조적으로 오렌지색 대지를 뒤덮은 ❸세덤 '안젤리나'*Sedum rupestre* 'Angelina'를, ❹일본매자나무 '카르멘'*Berberis thunbergii* 'Carmen'은 진한 경계와 함께 포인트를 주고 있다. 둘 다 강한 햇빛에서 색이 더욱 진해지고 건조함을 잘 견디는 특성을 가지고 있어 이웃하기에는 더없이 좋은 조합이다. 하지만 자칫 보기에 따라서는 탁하게 느낄 수 있어 색다름을 표현하고 싶은 특별한 공간에 활용해 보면 좋을 듯하다. 조금 더 밝은 연출을 해본다면 핑크 카펫 같은 ❺서양백리향*Thymus serpyllum*과 유사한 보라색으로 신비감을 더해주는 ❻종꽃포텐슐라지기아나*Campanula portenschlagiana*가 낮은 지면에서 아름다운 경합을 보여주고 있다.

❶
**에리시멈 '윈터 오키드'**
*Erysimum linifolium* 'Winter Orchid'

❷
**에리시멈 '보울스 모브'**
*Erysimum linifolium* 'Bowles Mauve'

❸
**알케밀라 몰리스**
*Alchemilla mollis*

❹
**델피니움**
*Delphinium grandiflorum*

**선형 정원을 풍성하게 채워주는 식물들**

지루하게 끝없이 길게 이어진 길에서 나란히 이웃하며 아름다운 길동무를 해주듯이 늘어선 선명한 초록 잔디와 함께 수직적으로 균형을 맞춘 관목을 배경으로 ❶에리시멈 '윈터 오키드'*Erysimum linifolium* 'Winter Orchid'의 신비로운 자색과 ❷에리시멈 '보울스 모브'*Erysimum linifolium* 'Bowles Mauve'의 핑크보라색 매치가 시선을 유혹한다. 어느 방향으로 가든 발길을 멈추게 해 여정을 즐겁게 한다. 아래 사진에서 길을 중심으로 한편에는 시원한 잔디로 다른 한편에는 ❸알케밀라 몰리스*Alchemilla mollis*의 선명한 라인으로 경계를 삼고, 키가 큰 ❹델피니움*Delphinium grandiflorum*과 다양한 높이의 숙근초화로 채웠다. 이렇게 길게 늘어선 선형 정원의 막연한 공간을 채울 때 적용해 볼 만하다.

### 그늘 정원에 어울리는 식물들

큰 나무가 서 있고 담이 세워져 있으면 반드시 그늘이 드리우기 마련이다. 그늘 정원에서는 옥잠화나 도깨비부채처럼 부족한 햇빛을 받아들이기 위해 넓은 잎을 지닌 식물들을 배경으로 많이 이용하게 된다. 하지만 이런 류의 식물들만 있다면 녹색의 그늘을 채우기만 하는 재미없는 거친 질감의 연속이 될 것이다. 이럴 때는 ❶노루오줌 '피치 블로섬'*Astilbe japonica* 'Peach Blossom' 같은 다양한 컬러의 노루오줌이나 그늘진 곳에서도 선명한 ❷헤로독사앵초*Primula helodoxa*를 군식으로 심어 넓은 시야의 포인트와 화려함을 더한다면 시원한 그늘 속에 자리한 아름다운 정원 분위기로 전환시킬 수 있다.

❶
**노루오줌 '피치 블로섬'**
*Astilbe japonica* 'Peach Blossom'

❷
**헤로독사앵초**
*Primula helodoxa*

### 유화처럼 녹색의 캔버스에 그려진 꽃물결

대지를 채워놓은 싱그러운 초록 배경에 부드러운 붓으로 섬세하게 터치하듯 시원한 컬러로 그려진 숙근 군락으로도 충분히 부드럽고 자연스러운 흐름을 연출할 수 있다. 시간의 흐름에 따라 피고 지는 식물들 중 제철을 맞은 ❶숙근샐비어*Salvia nemorosa*의 시원스럽고 강한 컬러가 골격을 이루어주는 배경 식물들 덕에 더욱 돋보인다. 보색 계열의 ❷휴케라 '레이첼'*Heuchera* 'Rachel'은 다채로움을 더하고, 먼발치의 흰색 조연인 ❸흰분홍바늘꽃*Epilobium angustifolium* 'Album'은 맑고 청초한 분위기를 자아낸다.

### 특별한 주연이 없는 무채색 조합

정원의 메인 포인트에서 벗어난 구석이나 가장자리에는 조금 더 특별하고 색다른 조합을 적용하면 주목을 끌 수 있다. 밝은 질감의 ❶풍지초 '아우레올라'*Hakonechloa macra* 'Aureola'를 더욱 돋보이게 해주는 어두운 ❷흑맥문동*Ophiopogon japonicus* 'Nigrescens'은 지피식물로 잘 쓰인다. 이와는 반전되는 조합을 원한다면 흰색의 ❸램즈이어 *Lychnis coronaria* 바탕에 점점이 박힌 어두운 ❹자주꿩의비름 '봉봉' *Hylotelephium telephium subsp. telephium* 'Bon Bon'으로 연출할 수 있다. 특별한 주연 없이 전체적으로 무채색의 자극으로 채울 수 있다.

# 9

# PERENNIAL PLANT COMBINATION

## 볼륨감 있는 다년생 숙근초 정원

건축의 도시 미국 시카고에서 가장 핫플레이스라는 밀레니엄 파크다. 빌딩 숲 한가운데 있는 이 공원에는 아주 특별한 정원이 있다. 밀레니엄 파크의 루리 가든은 지속성이 없는 일년초보다 해마다 그 자리를 지켜주고 계절의 변화를 자연스럽게 보여주는 다년생 숙근 식물들로 꽉 채웠다. 단순히 시각적 아름다움만 추구하는 것을 넘어 도시에서 접할 수 없는 초원의 감성을 느끼도록 연출하였다.
해마다 같은 시기에 반가운 친구를 만나듯 반복되는 기쁨을 만끽할 수 있는 숙근초 정원은 식재 식물의 종류만큼이나 다양한 정원의 깊이를 맛보게 해준다. 정원의 지속성과 관리의 효율성 측면에서도 우리가 찾아야 할 하나의 모델이고 발굴해야 할 주제이기도 하다. 여기서 더 고민해야 할 분야는 다양한 소재이고 우리 정원에 어울리고 잘 사는 숙근초를 찾는 것이다.

### 숙근샐비어와의 조합

6월을 장식하는 숙근초는 아이리스, 샐비어, 제라늄 등 보라색 꽃들이 많다. 전혀 다른 색감인 빨간색과 파란색이 만나면 보라색이 된다. 가장 따뜻하고 파동이 긴 빨간색과 차갑고 파동이 가장 짧은 파란색이 짝을 이루어 빚어진, 태동부터가 신비한 색깔이다.
숙근샐비어*Salvia nemorosa* 'Ostfriesland'의 진한 보라색과 대비되는 주홍빛 털동자꽃*Lychnis fulgens Fisch*과의 강한 매치를 중재하듯 하얀색의 샤스타데이지*Chrysanthemum burbankii*를 넣었다. 그리고 배경에는 분홍 보라색의 이질풀류*Geranium psilostemon*를 적절히 식재하여 자연스럽게 화단을 확장시키고 있다.

**숙근샐비어**
*Salvia nemorosa* 'Caradonna'

**털동자꽃**
*Lychnis fulgens*

**샤스타데이지**
*Leucanthemum × superbum*

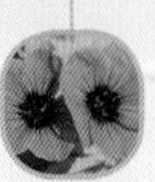

**이질풀류**
*Geranium psilostemon*

**산토리나**
*Santolina Chamaecyparissus*

**크레도톱풀**
*Achillea millefolium* 'Credo'

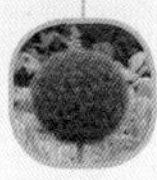

**알리움**
*Allium giganteum*

꽃대가 길고 키가 큰 알리움*Allium giganteum*과 키가 낮고 꽃이 더 큰 알리움*Allium karataviense*을 식재하여 공중에 떠 있는 듯한 신비로움을 연출했다. 크레도톱풀*Achillea millefolium* 'Credo'의 아이보리색과 흰빛을 머금은 산토리나*Santolina Chamaecyparissus*가 부드럽게 받쳐주며 숙근샐비어*Salvia nemorosa* 'Caradonna'로 시선을 이끈다. 전체적으로 보라 계열이 주도하는 느낌은 차분하면서도 신비롭다.

숙근샐비어
*Salvia nemorosa* 'Caradonna'

램즈이어
*Stachys byzantina*

은쑥
*Artemisia ludoviciana* 'Valerie Finnis'

숙근샐비어류
*Salvia nemorosa*

크나우티아
*Knautia macedonia* 'Griseb'

**같은 듯 다른 식물의 조화**

숙근샐비어*Salvia nemorosa* 'Ostfriesland'의 진하고 어두운 톤과 대조적으로 작게 갈라진 흰색 톤의 부드럽고 밝은 잎을 갖고 있는 은쑥*Artemisia ludoviciana* 'Valerie Finnis'의 조화는 밤과 낮처럼 분명하고 강한 대비 효과를 준다.
색이 더 진한 다른 품종의 숙근샐비어*Salvia nemorosa* 'Caradonna'와 작지만 보라색 꽃을 피우며 부드러운 질감을 갖고 있는 램즈이어*Stachys byzantina*의 결합은 강한 강조와 신비로움을 동시에 느끼게 한다.
무지개색인 빨주노초파남보를 모두 품에 안고 있는 색이 보라색이다. 다양한 종류의 숙근샐비어가 연출하는 보라색의 옅고 짙음의 효과를 적절하게 활용한 정원은 주변의 여러 숙근초와 자연스럽게 잘 어울린다.

### 깊이 있는 숙근의 어울림

아름다운 식물이 곧 아름다운 정원이다. 시간과 공간 제한 없이 아름다운 정원을 연출하는 것은 모든 정원사들의 소망이다. 수목이 무성해지고 녹음이 짙어지는 계절에 평온한 듯 아름답게 연출된 정원 풍경은 자연스레 편안한 느낌을 불러온다. 하지만 그 정원을 구성하고 있는 식물들은 어떨까? 정원 속 식물들은 앞다투어 치열한 전략으로 이 소리 없는 전쟁터에서 저마다의 색깔과 볼륨을 키운다. 그리고 확실한 존재감을 위해 자기가 불러야 할 대상들에게 유혹의 신호를 보낸다. 단순히 꽃만을 감상하기 위해 심기는 일년초보다 뿌리내린 자신의 자리를 지키며 끊임없이 경쟁해야 하는 숙근 식물들은 더욱 절실하다. 자기에게 가장 알맞은 개화 시기와 컬러, 그리고 형태와 질감까지 각기 개성 넘치는 다양한 식물 세계는 치열하게 경쟁하며 복잡하게 맞물려 돌아가는 인간 사회와 비슷하지만, 조화롭게 어우러진 모습에서 치열함보다는 정원의 깊이감이 느껴져 보는 이를 즐겁게 한다.

**생명 가득한 대지의 팔레트**

정원은 땅을 수놓은 커다란 생명의 팔레트다. 꽃을 피우는 식물들의 다양한 아름다움은 편안한 그린 컬러의 바탕 위에서 색감이 표현되기에 너무 과하지도 않고 부족하지도 않은 자연스러운 아름다움을 느끼게 한다. 녹색의 근접색인 노란색은 돌출되는 듯 밝은 느낌으로 주연이 되기도 하고, 적색과 흰색, 보라 계열의 색들을 잘 받쳐주는 조연이 되기도 한다.

❶ **팔루스트리스대극** *Euphorbia palustris*
❷ **비잔티누스 글라디올러** *Gladiolus byzantinus*
❸ **회향** *Foeniculum vulgare*
❹ **글라우카달맞이** *Oenothera fruticosa* subsp. *glauca*
❺ **서양톱풀 '레드 벨벳'** *Achillea millefolium* 'Red Velvet'

**황금빛 머금은 활기찬 색감**

녹색과 노란색의 농도 변화가 전체적인 정원의 바탕을 지배하고 붉고 흰 꽃들이 점점이 박혀서 액센트를 주는 초여름 화단의 모습은 자연스럽다. 숙근 정원의 가장 큰 매력은 바로 자연스러운 어울림이다. 크고 작고 거칠고 부드러운 여러 식물들이 모여 커다란 한 폭의 그림이 되었을 때 다른 정원에서는 볼 수 없는 경관이 연출된다. 시각적인 자극으로 주연과 조연이 분명한 일년초 화단과는 달리 때로는 모두가 주인공인 것처럼 때로는 모두가 조연인 것처럼 보이는 것이 숙근 정원의 특징이다. 서로 다른 형태와 질감의 소재이지만, 갖가지 노란색을 머금고 있는 부드러운 느낌의 식물들은 정원에 활기를 불어 넣어줌과 동시에 편안함을 선사한다. 이처럼 정원과 그 정원을 이루는 식물 하나하나를 이해했을 때 비로소 경관을 완성할 수 있다.

❶ **자주꿩의비름 '봉봉'** *Sedum telephium* 'Bon Bon'
❷ **휴케라 '캐러멜'** *Heuchera* 'Caramel'
❸ **샤스타데이지 '브라이트사이드'** *Leucanthemum x superbum* 'Brightside'
❹ **해란초달마티카** *Linaria genistifolia* subsp. *dalmatica*
❺ **큰금계국** *Creopsis lanceolata*
❻ **다알리아 '해피 싱글 파티'** *Dahlia* 'Happy Single Party'
❼ **일본조팝나무 '골드 마운드'** *Spiraea japonica* 'Gold Mound'
❽ **휴케라 '미드나잇 로즈'** *Heuchera* 'Midnight Rose'
❾ **매화헐떡이** *Tiarella cordifolia*

3
4
5
6
7
8
9

### 이웃하는 색감과의 조우

같은 식물, 같은 컬러지만 이웃하는 식물의 질감과 컬러에 따라서 전달되는 분위기와 느낌은 완연하게 달라진다. 군락 식재된 식물들이 풍성하고 볼륨감 넘치는 정원을 만들어준다면, 일정한 간격을 두고 동일한 식물을 반복하여 식재하면 생기발랄한 리듬감 있는 정원이 연출된다. 동시에 같은 식물들이 한 장소에서 보여주는 일체감은 익숙하고 편안한 느낌을 더해 정원의 완성도를 더욱 높여준다.

❶ **캘리포니아양귀비** *Eschscholzia californica*
❷ **황금회양목** *Buxus sempervirens* 'Latifolia maculata'
❸ **샐비어 '카라도나'** *Salvia nemorosa* 'Caradonna'
❹ **버베스쿰 '핑크 페티코츠'** *Verbascum* 'Pink Petticoats'
❺ **톱풀 '문샤인'** *Achillea* 'Moonshine'
❻ **긴까락보리풀** *Hordeum jubatum*
❼ **델피니움 '클리브덴 뷰티'** *Delphinium* 'Cliveden Beauty'
❽ **톱풀 '코로네이션 골드'** *Achillea* 'Coronation Gold'
❾ **이질풀 '메이플라워'** *Geranium sylvaticum* 'Mayflower'
❿ **휴케라 '캐러멜'** *Heuchera* 'Caramel'
⓫ **황금자주달개비** *Tradescantia* 'Sweet Kate'
⓬ **글라우카달맞이** *Oenothera fruticosa* subsp. *glauca*
⓭ **꼬리풀 '베이비 핑크'** *Veronica* 'Baby Pink'
⓮ **붉은숫잔대 '퀸 빅토리아'** *Lobelia cardinalis* 'Queen Victoria'

### 맑고 부드러운 노랑

노란색은 어떤 곳에서는 배경이, 또 다른 곳에서는 강조가 될 수 있다. 노란색의 가장 큰 매력은 사람들의 시선을 머물게 해주는 것이다. 맑고 연한 노란색이 주는 분위기는 이웃하는 색상과 질감에 따라 한없이 부드러워지기도 한다. 이 노란색의 화사함에 긴까락보리풀처럼 부드러운 질감을 만나면 특별함이 더해지고 마치 안개 낀 듯한 몽환적인 분위기가 연출된다. 자칫 잘못 쓰면 지루해 보일 수 있는 노란색이 살랑살랑 바람에 흔들리는 그라스와 어울려 제자리를 찾은 듯하다. 밝고 빛나는 노란색 형광빛은 보라색을 만나면 더욱 신비로워지는데 황금자주달개비가 대표적인 소재다. 여기에 붉은숫잔대처럼 진한 톤의 소재가 들어가면 형광색 노랑이 더욱 선명해진다.

**바야흐로 숙근의 계절**

자연에서 볼 수 있는 색채의 패턴은 실로 무궁무진하다. 계절에 따라 흐드러지게 피고 지는 들꽃처럼 다양한 숙근들의 향연은 여름정원에서 그 풍성함이 더해가며 더욱 다채로워진다. ❶알리움 아트로퍼프레움*Allium atropurpureum*의 특별한 자주색은 싱싱한 초록의 배경으로 인해 고상함을 더하고 ❷숙근샐비어*Salvia nemorosa*의 보라색과 함께 어우러져 신비로움을 차분하면서도 이국적인 패턴으로 연출해준다. 비슷한 듯 다른 정원에서는 ❸우단동자꽃*Lychnis coronaria*이 알리움과 비슷한 형태로 펼쳐지지만 자극적인 진분홍컬러를 더 자극적으로 보이게 하는 선명한 바탕의 ❹알케밀라 몰리스*Alchemilla mollis*와의 조합은 매우 강렬하고 에너지 넘치는 느낌을 전해준다. 색감의 차이에서 오는 표현의 차이를 느끼게 해주는 화단은 비슷한 듯 다른 연출을 보여준다.

## 잔잔한 패턴

시각적 자극이 넘쳐나는 시대에 휴식을 취하고 싶은 정원에서 크고 화려한 식물로 채워진 연출은 때론 부담스럽고 시각적인 피로감을 줄 수 있다. 이럴 때 작고 잔잔한 꽃과 잎들이 흩어지듯 펼쳐져있는 섬세하면서도 부드러운 질감의 식물로 자연스럽게 연출된 정원은 훌륭한 대안이 될 수 있다. 바람에 살랑거리며 꽃잎들이 흩날리는 광경은 보는 이의 눈과 마음을 차분하게 가라앉혀준다. 색감도 튀지 않는 부드럽고 흐린 톤의 식물들을 차분하게 식재하여 자연스럽게 흐르는 듯한 콤비네이션은 눈의 피로도 낮추고 마음의 안정을 줄 것이다.

❶ **자엽일본매자 '애드머레이션'** *Berberis thunbergii* f. *atropurpurea* 'Admiration'
❷ **파라헤베 '켄티 핑크'** *Parahebe* 'Kenty Pink'
❸ **유포르비아 카사시아스** *Euphorbia characias*
❹ **스티파 아룬디나세아** *Stipa arundinacea*

## 점진적인 그라데이션

너무 갑작스럽지 않게 서서히 농도를 달리하는 색감의 변화나 어두움에서 밝은 색으로, 작은 키에서 점차 높은 키로 올라가는 점진적이며 단계적인 변화인 '그라데이션' 기법을 정원에 연출하면 부드럽고 편안하면서도 결코 유치하지 않은 우아한 그림을 표현할 수 있다.

❶ **마크란타석잠풀** *Stachys macrantha*
❷ **꿩의다리 '엘린'** *Thalictrum rochebrunianum* 'Elin'
❸ **포리모르파여뀌** *Persicaria polymorpha*
❹ **황금오레가노** *Origanum vulgare* 'Aureum'
❺ **네페타** *Nepeta racemosa*

하단 왼쪽 사진에서 ❼네페타*Nepeta racemosa*에서 시작한 보라색 그라데이션이 ❻알리움*Allium christophii*에서 자주색으로 섞이다가 ❽크나우티아*Knautia macedonica*에서 붉은 점으로 볼륨은 작아지고 색은 진해지는 변화를 선택하였다. 하단 오른쪽 사진은 대조적으로 초록의 그라데이션을 통해 진한 여름의 끝이 가을이듯 ❾대극 '펜스 루비'*Euphorbia cyparissias* 'Fens Ruby'의 초록 절정이 연노랑 ❿황금오레가노*Origanum vulgare* 'Aureum'로 이어지는 장면을 붙여, 색의 농도에 따른 느낌을 볼 수 있다.

보라색과 노란색은 색채학적으로 보면 가장 대비되는 보색이다. 보라색은 신비롭고 귀한 대접을 받는 색으로 ❶제라늄 '오리온'*Geranium pratense* 'Orion'의 진하고 선명한 청보라 색상이 딱 그런 분위기를 보여 주고 있다. 제라늄 '오리온'은 색상도 확실하지만 세력도 좋고 꽃도 빈틈없이 채워주어 볼륨감 있는 연출이 가능해 숙근 화단이나 플랜트 박스에 많이 이용되는 여름 소재 식물이다. 이러한 귀한 대접을 받는 보라색과는 달리 노란색은 유치원 아이들의 책가방이나 눈에 확 띄는 성격 때문에 주로 안전주의용으로 많이 이용된다. 아무래도 고상함과는 거리가 있다고 할 수 있는 자극적인 컬러란 의미다. 그런데 이처럼 성격이 다른 보색이라도 정원에서 만나면 그림이 달라진다. 같은 제라늄의 밝은 보라색과 연노랑 라임색에 가까운 ❷말채나무 '아우레아'*Cornus alba* 'Aurea', ❸유포르비아 폴리크로마*Euphorbia polychroma*의 노란 식물과 어울린다면 또 다른 매력의 맑고 밝은 색다른 색채의 표현이 가능하다는 것을 보여준다.

**시원하고 깔끔한 배색**

장마가 걷히고 비가 온 뒤에 선명한 여름 하늘을 보면 눈이 부시게 푸른 하늘에 솜털처럼 새하얀 뭉게구름이 떠다니는 모습 속에서, 그리고 피서지의 시원하게 부서지는 여름 바다의 파도의 컬러에서 파란색과 흰색은 여름을 상징하는 대표색으로 각인된다. 청량하고 시원한 여름 화단을 위해 ❶크람베*Crambe cordifolia*의 부서지는 듯한 하얀 꽃의 볼륨과 ❷델피니움*Delphinium hybrid*의 청색이 균형 있게 식재되었으며, 비슷한 형태의 ❸디기탈리스*Digitalis purpurea*가 섞여서 둘 사이에 적절한 변화를 유도해 준다. 아래에서는 ❹가는오이풀*Sanguisorba tenuifolia* 'White Tanna'과 ❺노루오줌 '워싱턴'*Astilbe japonica* 'Washington', 샤스타데이지 등의 형태나 질감이 하얀색 바탕에 구름 사이로 보이는 파란 하늘이 그러하듯이 더욱 돋보이는 블루 컬러의 ❻델피니움 락스퍼*Delphinium grandiflorum*가 적은 분량으로도 확실한 포인트 식재가 된다.

> "
>
> 다음 생에 다시 태어난다면 나는
> 또 정원사가 될 것이다.
> 그 다음 생에도 그럴 것이다.
> 한 번으로 족하기에 정원사란 직업은
> 너무 크기 때문이다.
>
> – 칼 푀르스터 –
>
> "

### 싱그러운 꽃물결 흐르는 여름의 정원

능숙한 정원사는 아름다운 정원을 위해 각 식물들의 특성을 배려하고 최상의 조건과 위치를 고려하여 서로의 이웃 식물들을 배치해 준다. 그리고 느긋하게 기다리며 필요한 것들을 챙겨주다 보면 어느새 스스로 제자리를 찾아 자기만의 충분한 연출력으로, 절정에 달한 연기력으로 우리를 감동시켜 결코 실망시키는 적이 없다.

평생에 걸쳐 델피니움*Delphinium*을 비롯해 362종의 숙근초 신품종을 만들고 27권의 책을 집필한 정원 왕국의 대제 칼 푀르스터조차 정원 일의 방대함을 언급한 적이 있다. "피할 수 없는 무더위와 목이 타들어가는 듯한 갈증이 정원사들의 발목을 잡는 한여름에도 건강하게 자란 초록빛 잎사귀들로 가득한 정원을 만끽할 수 있다. 또한 잠시나마 땡볕을 가려주는 여름 숲의 그늘 속에서 다른 계절에서는 느끼지 못한 평온함을 즐길 수도 있다." 바캉스 휴식 같은 여름 정원에서 어느 때보다 풍요로운 정원의 숨은 모습을 찾아보길 바란다.

**휴케라**
**'타임리스 나이트'**
*Heuchera × villosa*
'Timeless Night'

**델피니움 엘라텀**
**'케스트렐'**
*Delphinium elatum*
'Kestrel'

**흰분홍바늘꽃**
*Epilobium angustifolium*
'Album'

**체리세이지**
*Salvia microphylla*

### 때로는 조용한 시냇물처럼

군락을 이뤄 피는 꽃들은 탄성을 자아낸다. 한 종류의 꽃보다는 색깔과 질감이 비슷한 다른 종류의 꽃들과 이웃해 조화를 이룬다면 금상첨화일 것이다. 조화로운 정원은 아름다운 정원의 다른 이름이다. 부드러운 바람에 향기를 머금은 체리세이지*Salvia microphylla*와 하얀바늘꽃*Epilobium angustifolium* 'Album', 델피니움*Delphinium elatum* 'Kestrel'이 무리지어 마치 흐르는 물처럼 보인다. 천상의 풍경이 있다면 이와 같지 않을까?

### 때로는 거센 파도처럼

진하고 무거운 암적색의 잎에 산호핑크색의 꽃을 가진 휴케라*Heuchera* 'Rachel'는 거센 파도처럼 강렬해 정원의 포인트가 되며 진한 초록의 정원에 자극을 준다.

## 상큼한 노랑 물결

일반적으로 많은 사람들은 정원을 꽃, 나무, 잔디 정도로 이루어진 공간으로 이해한다. 그러나 정원을 알면 알수록 복합적인 공간으로 인식하기 시작한다. 여름에 불어오는 산들바람에 기지개를 펴는 꽃과 잎들의 춤사위, 그로 인해 은은히 퍼지는 향긋한 꽃내음, 강렬히 내리쬐는 햇빛을 머금고 빛나는 정원의 모든 식물들, 이 모든 것을 공감할 때 비로소 정원을 안다고 할 수 있을 것이다. 우선 노랑으로 물결치는 정원으로 가보자. 카펫처럼 깔린 세덤 '옐로우 퀸'*Sedumacre* 'Yellow Queen'의 싱그러움이 새빨간 장미를 더욱 돋보이게 하고, 대사초 '바나나 보트'*Carex siderosticha* 'Banana Boat'의 은은함은 삼색버드나무와 끈끈이대나물*Silene armeria*을 자연스럽게 끌어 안아준다.

**장미 '프린세스 알렉산드라'**
*Rosa* 'Princess Alexandra'

**세덤 '옐로우 퀸'**
*Sedum acre* 'Yellow Queen'

**끈끈이대나물**
*Silene armeria*

**대사초 '바나나 보트'**
*Carex siderosticta* 'Banana Boat'

## 편안한 보라 물결

화려하거나 값비싸거나 희귀한 식물이 아름다운 정원의 필수요소는 아니다. 보는 이가 아름다움을 즉자적으로 느낄 수 있을 때 그리고 그것이 편안함으로 이어질 때 비로소 아름답다고 할 수 있다. 보라색은 심리적으로 쇼크나 두려움을 해소하고 불안한 마음을 정화시켜주는 역할을 하며 정신적인 보호 기능을 한다. 아우성치듯 땅을 가득 메운 베로니카*Veronica spicata*의 보라 물결 속 어두운 꿩의비름 '봉봉'*Hylotelephium erythrostictum* 'Bon Bon'은 우단동자꽃*Lychnis coronaria*과 락스퍼 델피니움*Delphinium Larkspur*을 비롯한 주변의 식물들을 밝고 부드럽게 이끈다. 캄파눌라*Campanula persicifolia*의 은은한 보라 실루엣은 속단*Phlomis purpurea*을 만나 빛을 발한다.

**꿩의비름 '봉봉'**
*Hylotelephium erythrostictum* 'Bon Bon'

**베로니카**
*Veronica spicata*

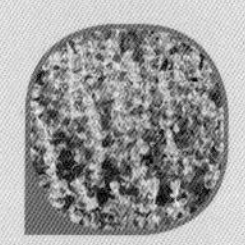

**속단**
*Phlomis purpurea*

**캄파눌라 페르시키폴리아**
*Campanula persicifolia*

## 영혼을 정화시키는 하얀 물결

신비로운 하얀 꽃 물결의 정원은 포말처럼 부서지는 하얀 파도 같다. 녹색 배경을 바탕으로 두드러지지 않고 동화되어 있는 자연스러움이 있다. 여름 정원에 램즈이어*Stachys byzantina*와 흰색 우단동자꽃*Lychnis coronaria* 'Alba'을 섞어 심었고 하얀 줄무늬를 가진 무늬참억새*Miscanthus sinensis* 'Variegatus'와 서양톱풀*Achillea millefolium*을 조합했다. 초록빛 정원에 흰색 계열의 식물을 잘 구성하면 여름 정원이 결코 무덥고 지루하게 느껴지진 않을 것이다.

**흰우단동자꽃**
*Lychnis coronaria* 'Alba'

**램즈이어**
*Stachys byzantina*

**무늬참억새**
*Miscanthus sinensis* 'Variegatus'

**서양톱풀**
*Achillea millefolium*

정원에 모든 식물을 순백색으로 채운다면 단조롭고 지루하다. 흰색 꽃과 흰색 잎으로 하얀 배경을 만들고 진한 핑크색의 우단동자꽃*Lychnis coronaria*을 조금만 섞어도 훨씬 우아하고 신비롭다. 은백색의 램즈이어*Stachys byzantina* 무리에 살짝 넣어둔 어두운 자주꿩의비름 '봉봉'*Hylotelephium erythrostictum* 'Bon Bon' 역시 개성 있는 연출을 가능하게 해준다. 또한 연한 보라색과 연한 핑크색 꽃으로 파스텔의 컬러톤을 유도할 수 있다.

**아르테미시아 아보레센스**
*Artemisia arborescens*

**우단동자꽃**
*Lychnis coronaria*

**세라튤라 세오아네이**
*Serratula seoanei*

**에리게론 카르빈스키아누스**
*Erigeron karvinskianus*

올라야 그랜디플로라
*Orlaya grandiflora*

우단동자꽃
*Lychnis coronaria*

## 유혹의 빨간 물결

여름은 무성하게 올라오는 이름 모를 잡초만큼 다양한 정원 식물로 빼곡하다. 빨간색 계열의 꽃은 확연히 눈에 띄어 시선을 사로잡곤 하지만 다른 식물과 어울려도 자연스럽게 조합될 수 있다. 빨강의 물결은 여름 정원뿐만 아니라 봄과 가을의 정원에서도 그 존재감을 여지없이 나타낸다.

네페타
*Nepeta × faassenii* 'Walker's Low'

수레국화
*Centaurea cyanus*

무당벌레양귀비
*Papaver commutatum*

보라빛의 네페타*Nepeta × faassenii* 'Walker's Low'와 녹색의 잎이 붉은 빛으로 한껏 물든 우단동자꽃이 멋진 대조를 이루고 있다. 자극적이며 선명한 선홍색의 무당벌레양귀비꽃*Papaver commutatum*이 블루톤의 수레국화*Centaurea cyanus*와 대비되어 생생한 자태를 뽐내고 있다.

**수레국화 '블랙 젬'**
*Centaurea cyanus* 'Black Gem'

**제라늄 왈리키아눔**
*Geranium wallichianum*

## 힘있는 적갈빛 물결

붉은빛을 띠는 적갈색의 식물은 원색의 빨강에서 느낄 수 없는 무게감을 더해준다. 성숙한 이미지의 색감으로 정원 전체의 톤을 차분하게 지휘한다. 웅장한 자태를 뽐내며 정원을 물들이는 적갈색의 잎사귀들은 피고 지고를 반복하며 무더운 여름, 정원의 옷을 갈아 입힌다. 그 힘으로 여름 꽃의 조력자 역할을 톡톡히 한다.

**안개나무 '영 레이디'**
*Cotinus coggygria* 'Young Lady'

**자엽너도밤나무**
*Fagus sylvatica* 'Purpurea'

흰색 안개나무*Cotinus coggygria* 'Young Lady'와 적갈색 너도밤나무*Fagus sylvatica* 'Purpurea'의 강한 대조를 통해 한여름에 가을의 정원을 거니는 듯하다. 이처럼 정원 한 켠을 색다른 주제로 연출하는 것, 또 다른 정원의 발견이 될 것이다.

**사초 '프레리 파이어'**
*Carex testacea* 'Prairie Fire'

**아카에나 이네르미스 '푸푸레아'**
*Acaena inermis* 'Purpurea'

# 10

# SUMMER ROSE COMBINATION

## 장미꽃의 재발견

녹음이 짙어져 모든 초목이 무성하게 우거지는 7월의 정원은 이미 충분히 자리 잡은 식물들이 그늘을 드리우기 시작해 웬만큼 눈에 띄게 자극적이지 않은 식물은 존재감이 사라지고 묻혀 버리기 쉬운 시기다.

꽃의 여왕이라 불리는 장미는 주로 5~6월에 화려한 자태를 뽐내며 한창이지만 한물갔다고 여겨지는 여름의 길목에서도 넝쿨장미를 위시하여 백장미, 노란장미도 빨간장미와 함께 다시 한 번 더 열정을 보여준다. 봄보다는 풍성하게 많이 피지는 않지만 장미 한 송이마다의 아름다움은 짙은 초록을 뚫고 화려하기 그지없이 여름에도 그 존재감을 확실히 드러내 준다.

장미는 받는 사랑만큼 종류와 모양이 다양하고 특히 꽃의 색상이 아름다우며 코끝을 자극하는 짙은 향까지 좋아서 정원에 관상수로 많이 심는 꽃 중의 꽃이다. 장미는 영국의 국화이면서 영국을 비롯한 서양인이 가장 사랑하는 꽃으로 알려져 있지만 알고 보면 장미의 원산지는 대부분 아시아다. 게다가 한국인들도 가장 좋아하는 꽃으로 조사된 적이 있을 만큼 장미는 동서양을 막론하고 전 세계인들이 사랑하는 꽃의 대명사다.
해마다 5월에 피기 시작한 꽃이 여름 장마에 조금 쉬었다가 서서히 다시 꽃을 피우며 겨울 찬바람이 불기 전까지 이어지는 꽃을 피우기 위해 존재하는 식물이 바로 장미다. 장미의 영명인 로즈Rose는 어원이 핑크나 적색을 뜻하는데, 장미꽃이 주로 적색이나 핑크가 많아서인듯 싶지만 요즘은 계속 새로운 품종을 만들고 개발하여 정말 다양한 장미꽃을 감상할 수 있다.

*Rosa* 'Rosendorf Sparrieshoop'의 꽃색은 개화 진행 정도에 따라서 달라지는 색의 변화가 감상 포인트로, 분홍색 물감을 물에 섞었을 때의 진하고 연한 농도의 차이처럼 한 가지 색으로는 표현할 수 없는 아름다움을 보여준다. 이러한 색의 강약의 곱고 부드러운 느낌이 나게 하는 파스텔 빛이 장미 품종에서 보여 줄 수 있는 매력이라 하겠다. 이러한 특성을 가진 흰색에 가까운 아이보리색에서 노란색으로 이어지는 품종인 *Rosa foetida* 'Harrison's Yellow'도 있다.

여름으로 갈수록 짙어지는 진한 녹색의 정원에 보색 대비되는 빨간색 장미는 작렬하는 뜨거운 태양빛을 모두 흡수한 듯이 강렬한 자극과 에너지를 정원에 공급해 준다. 무늬맥문동의 깔끔한 라인은 마치 불이 번지지 못하도록 산뜻한 경계가 되어주고 체리세이지와 노루오줌의 분홍빛은 부드러운 대비를 연결해 주고 있다.

다마스케나 니겔라
*Nigella damascena*

델피니움(교배종)
*Delphinium x. cultorum*

장미 '뉴 던'
*Rosa* 'New Dawn'

제라늄 프실로스테몬
*Geranium psilostemon*

장미 '셉티드 아일'
*Rosa* 'Scepter'd Isle'

에린지움
*Eryngium bourgatii*

흰우단동자꽃
*Lychnis coronaria* 'Alba'

아스트란티아 '클라렛'
*Astrantia major* 'Claret'

마가렛 '코멧 화이트'
*Argyranthemum* 'Comet White'

장미 아래나 주변에 각종 여러해살이풀들이 어울려 피운 하모니는 서로 완벽한 보완 작용을 해주어 여름 정원의 풍성함을 더할 수 있다. 진한 녹색은 보색 대비되는 핑크색이나 파란색과 함께 포인트 컬러로 사용하면 경쾌하고 낭만적인 분위기를 연출할 수 있고 장미에 없는 청색의 컬러를 보완해 줄 수 있다. 니겔라나 델피니움 같은 파란색 꽃은 일반적으로 파란색이 주는 차가운 인상과 장미꽃에서 볼 수 없는 비일상적인 색이라는 이미지를 가지고 있어 악센트를 주는 차별성과 함께 신비감을 더해 준다.

**장미 '아메리칸 필라'**
*Rosa* 'American Pillar'

*Nicotiana alata* 'Lime Green'은 어떤 컬러의 식물과도 잘 어울리는 부드러운 바탕색 라임컬러를 가지고 있어, 특히 *Rosa* 'American Pillar'의 흐드러지게 풍성한 꽃 사이에서 주목을 끌기에 충분하다.

**금엽안개나무**
*Continus coggygria* 'Golden Spirit'

### 장미와 숙근초의 부드러운 열정, 파스텔 하모니

빨간색은 강하면서도 화려한 이미지를 가지며, 노란색은 그 이미지가 밝고 가벼우면서 깨끗한 이미지를 가지고 있다. 흰색은 다른 색에 비하여 차분하고 수수하며 정적이면서 쾌적한 이미지를 가지고 있어 깨끗하면서 단순한 컬러다. 또 모든 색과 잘 어울리며 서로 대비되는 강한 보색 화단에 섞여서 완벽한 조화를 가능하게 해준다.

### 낭만과 로맨틱한 분위기의 대명사 장미

분홍색은 빨간색보다는 이미지가 훨씬 부드럽고 유연하다. 빨간색에 첨가되는 흰색의 농도에 따라 점점 옅어지는 특성이 있는 분홍색은 램즈이어, 은쑥과 같은 흰색 톤이 섞여있는 식물들과 더욱 잘 어울려서 낭만적인 분위기를 자아낸다. 또 숙근샐비어*Salvia nemorosa* 'Caradonna' 같은 청보라색과 조화되면 신비감을 주는 로맨틱한 서양화 같은 분위기를 연출한다.

**숙근샐비어 '카라도나'**
*Salvia nemorosa* 'Caradonna'

**땅백리향**
*Thymus vulgaris*

**장미 '콘스턴스 스프라이'**
*Rosa* 'Constance Spry'

**은쑥** *Artemisia Schmidtiana* 'Nana'

**램즈이어** *Stachys byzanting*

초여름 장미의 화려함의 백미는 꽃대 하나에 여러 송이가 흐드러지게 피는 넝쿨장미가 단연 으뜸이다. 세상 분위기를 온통 장미빛으로 바꾸려는 듯, 정원에서 넝쿨장미의 존재감은 대단하다. 어느 장소 어느 정원이든지 조금의 공간만 있으면 올릴 수 있는 넝쿨장미는 여름 정원의 풍성한 볼거리를 제공해 준다. 분홍색 넝쿨장미가 주는 분위기는 흰색 장미와 클레마티스, 노루오줌과 함께 더욱 부드러워지고 빨간색 넝쿨장미가 주는 강렬함은 노란색을 배경으로 하면 더욱 선명해진다.

**덩굴찔레**
*Rosa multiflora* var. *platyphylla*

**장미 '크리스탈 훼어리'**
*Rosa* 'Crystal Fairy'

**장미 '스칼렛 메이디랜드'**
*Rosa* 'Scarlet Meidiland'

**클레마티스 '필루'**
*Clematis* 'Pillu'

**긴까락보리풀**
*Hordeum jubatum*

**노루오줌 '컨츄리 앤 웨스턴'**
*Astilbe* 'Country and Western'

**톱풀 '프리티 블린다'**
*Achillea* 'Pretty Belinda'

**서양톱풀**
*Achillea millefolium*

**노루오줌 '푸밀라'**
*Astilbe chinensis* 'Pumila'

# 11

# AUTUMN GARDEN COMBINATION

## 울긋불긋 마지막 열정을 불태우는 가을정원

정원을 만들고 관리하는 것은 자연과 시간의 흐름을 거쳐야만 비로소 완성되는 작업이다. 유난히도 뜨거웠던 여름을 넘기고 이제는 마지막 열정을 불태우듯 진하게 번져버린 컬러들이 가을의 문이 열리기 시작했음을 알린다.

❶ 콜레우스 '레드헤드' *Coleus* 'Redhead'
❷ 자엽고구마 *Ipomoea batatas* 'Blackie'
❸ 코레옵시스 *Coreopsis grandiflora*
❹ 가든멈국화 *Chrysanthemum morifolium*
❺ 아스타 *Aster* 'Puple Double'
❻ 물토란 *Sagittaria trifolia* Linne for. *longiloba* Makino
❼ 댑싸리 *Kochia scoparia* (L.) Schrad. var. Scoparia

## 가을에 더욱 강한 콘트라스트

가을의 언저리, 비가 갠 날의 파란 하늘은 유난히도 눈이 부시고 끝없이 깊어 보인다. 가을은 다른 계절에 비해 맑고 건조한 날이 많아 수증기나 먼지 등이 적기 때문에 대기 중에 산란이 잘되는 보라색과 파란색이 더욱 잘 보인다. 때문에 맑은 하늘 아래 펼쳐진 정원을 감상하기에 더 없이 좋은 계절이다. 빨갛고 노랗게 물들어 가는 단풍들의 따뜻한 색감과 대조적으로 가을의 꽃들은 가을 하늘빛처럼 선명한 청색, 보라색, 흰색 꽃들이 많다. 이러한 맑고 청명한 색깔은 동시에 밝은 색과 어두운 색의 격차를 뚜렷하게 해 정원의 콘트라스트를 더욱 강하게 강조한다. 깊고 푸른 가을 하늘에 떠 있는 하얀 구름이 더 선명해 보이듯 가을 분위기를 전하는 식물들의 강한 대비가 계절의 절정으로 치닫고 있다.

❶ **아스타** *Aster* 'Puple Double'
❷ **층꽃나무** *Caryopteris incana*
❸ **백묘국 '뉴 룩'** *Senecio cineraria* 'New Look'
❹ **소국** *Chrysanthemum morifolium*
❺ **자엽고구마** *Ipomoea batatas* 'Blackie'

보라에서 흰색으로 부드럽게 이어지는 색감이 자연스러우면서도 고상한 가을 야생화의 느낌을 잘 표현해 주고 있다. 좀개미취와 구절초, 해국 등으로 펼쳐진 국화과 식물들의 비슷한 형태에 촛불처럼 꽃기둥을 치켜세운 숙근꽃향유가 더해져 꽃의 형태가 시선을 잡아끈다.
정원을 가꾼다는 것은 식물의 본능적인 자유와 이를 관리하는 정원사의 통제 사이의 어떤 협상과도 같다. 다시 말하면, 식물 개체의 생태적 습성을 바탕으로 정원사의 적절하고 인위적인 조절이 가미되어야 최상의 연출이 가능하다. 왕성한 생장력으로 볼륨을 키우는 가우라와 서양등골나물의 핑크 세력에 밀리지 않고 노란 꽃 물줄기를 펼치는 미국미역취가 밋밋하기 쉬운 풍경에 자극을 준다.

❶ **숙근꽃향유**
*Elsholtzia stauntonii*
❷ **좀개미취**
*Aster maackii* 'Regel'
❸ **구절초**
*Dendranthema zawadskii* var. *latilobum* (Maxim.) Kitam
❹ **가우라**
*Gaura lindheimeri* Engelm. et A. Gray
❺ **미국미역취 '솔라 캐스케이드'**
*Solidago shortii* 'Solar Cascade'
❻ **서양등골나물**
*Eupatorium purpureum*

5
6
9
8
7
1
11
8
12
13
8

❶ **좀개미취** *Aster maackii* 'Regel'
❷ **가우라** *Gaura lindheimeri* Engelm. et A. Gray
❸ **안드로포곤** *Andropogon scoparius* 'Prairie Blues'
❹ **억새 '모닝 라이트'** *Miscanthus sinensis* 'Morning Light'
❺ **미국미역취 '솔라 캐스케이드'** *Solidago shortii* 'Solar Cascade'
❻ **엘리무스** *Elymus* magellanicus
❼ **수크령 '하메른'** *Pennisetum alopecuroides* 'Hameln'
❽ **아미비스나가** *Ammi visnaga*
❾ **다알리아 '해피 싱글 파티'** *Dahlia* 'Happy Single Party'
❿ **무늬참억새** *Miscanthus sinensis* 'Variegatus'
⓫ **층꽃나무** *Caryopteris incana*
⓬ **황금자주달개비** *Tradescantia* 'Sweet Kate'
⓭ **황금배초향** *Agastache foeniculum* 'Golden Jubilee'

### 은은하고 부드러운 감성의 가을정원

10월의 정원에서는 가을 냄새가 난다. 봄의 꽃만큼 화려하지 않고, 여름의 풀내음보다 푸르지 않지만, 선선한 가을 바람을 맞으며 거니는 가을 정원에서 우리는 여느 계절보다 여유롭고 기분 좋은 느낌을 받는다. 그래서일까? 식물들 역시 봄, 여름의 식물들처럼 시선을 끄는 자극적인 색상은 아니지만 저마다의 은은한 자태로 우리의 감성을 자극한다. 울긋불긋 물들어가는 단풍과 가을 향을 가득 머금고 군자의 고상한 자태를 뽐내는 국화가 화려하게 시선을 사로잡는 계절이 가을이지만, 계절의 시작부터 끝까지 하늘하늘 산들바람을 맞아가며 흐트러짐 없이 자유로운 몸짓으로 손짓하는 억새 역시 가을의 전령이다. 거대한 억새류에서 작은 사초류에 이르기까지 다양한 그라스들은 가을에 절정을 이루는 가을 꽃들과 함께 부드럽고 고즈넉한 감성을 자연스럽게 연출해준다.

## 곱디고운 가을빛 정원

유난히도 파란 가을하늘을 배경으로 한 새빨간 단풍잎과 노랗게 물들어가는 생강나무를 보면, 희망에 부풀어 터져나왔던 파릇파릇했던 봄의 새싹도, 뜨거운 열기 가득하여 길었던 여름도 생각나지 않는다. 청명한 가을하늘 아래 무성하게 자라던 초록 잎들은 생장을 멈추고 저마다 빨갛고 노란 단풍으로 물든다. 수려한 나무를 보며 사람들은 '와'하는 탄성과 함께 주위를 둘러보지만, 식물들은 봄과 여름의 치열했던 시간을 뒤로 하고 지친 몸을 스스로 추스르기 시작한다. 모두 나눠주고 버려야 할 마지막 한 잎까지도 어쩌면 저렇게 아름다울 수 있을까? 우리가 정원을 다룰 때 가장 중요한 재료는 살아있는 식물, 즉 자연 자체다. 아무리 스케일이 크고 웅장한 인위적 활동도 심오하고 아름다운 자연에 비하면 항상 아류작에 머물 수밖에 없다고 한 비톨트 립친스키의 말처럼, 우리는 자연의 일부이며 우리가 알고 있는 자연의 신비로움은 극히 일부에 지나지 않는다는 점을 늘 명심해야 한다.

가을 단풍은 그 자체로 너무 아름답지만, 잠시 다른 각도에서 생각해보면 자연이 우리에게 전달해야 할 메시지를 이렇게 감동적으로 표현하는 것처럼 느껴지기도 한다. 매서운 겨울이 다가오기 전, 화려하지만 교만하지 않고, 쌀쌀하지만 마음은 풍요로운 가을 감성에 마음을 열고 마지막 열정을 불사르는 가을 정원과 교감해보자.

가을에는 나무뿐만 아니라 초본 식물도 아름다운 단풍으로 물들어 꽃이 진 후에 또 한 번의 절정을 선사해준다. 이처럼 식물은 그 자리에 멈춰 있는 듯하지만 시간의 흐름에 따라서 서서히 변화하고 이러한 과정 속에서 다양한 아름다움을 연출한다.

❶ **솔정향풀** *Amsonia hubrichtii*
❷ **꿩의비름** *Hylotelephium telephium*
❸ **비짜루** *Asparagus schoberioides*

## 마지막 열정을 불태우는 가을꽃

정원을 만들고 관리하는 것은 자연과 시간의 흐름 속에서 완성되는 작업이다. 식물의 본능에 대한 조율, 즉 자유와 통제 사이를 오가며 일정한 협상을 하는 줄다리기 과정이라고도 할 수 있다. 유능한 정원사라면 자신만의 그림을 연출하기 위해 식물의 생태와 습성을 잘 파악하여 조절하고 이용할 수 있어야 한다. 봄부터 수많은 초화들 틈에서 한 포기 풀인 양, 그 화려함과 열정을 숨기고 묵묵히 버텨왔던 가을 야생화들은 기온이 낮아지기 시작하면 일제히 폭발하듯 꽃망울을 터뜨린다. 울긋불긋 온통 화려한 단풍나무들 틈에서 주목 받기 위한 노력이 처절할 정도다. 그리고 이런 치열한 경쟁은 가을 정원만의 또 다른 매력이다.

**아마란스**
*Amaranthus hypochondriacus*

**여뀌속**
*Persicaria amplexicaulis*

**산국**
*Chrysanthemum boreale*

**꽃향유**
*Elsholtzia splendens* Nakai

**일본승마 '화이트 펄'**
*Actaea matsumurae* 'White Pearl'

**버들잎해바라기 '골든 피라미드'**
*Helianthus salicifolius* 'Golden Pyramid'

국화는 소쩍새 우는 봄부터 싹을 틔워, 가을의 끝자락에 최고조를 이룬다. 거리와 정원에서 국화꽃이 피고 그 그윽한 향기가 코끝에 전해진다는 것은 올해 꽃들과의 만남이 마지막임을 의미한다. 가을 타는 남자라는 말처럼 가을이 되면 감성이 풍부해지고 그동안 깊이 묻어 두었던 내면의 소리에 귀 기울이게 되어 누구나 한 번쯤 시인이 된다. 이 또한 가을이 주는 특별한 경험일 것이다.

흰색과 노란색의 차분한 분위기에
강렬한 포인세티아(*Euphorbia pulcherrima*)의 붉은 라인이 가미되어,
노란색과 흰색을 더 열정적으로 보이게 한다.

빨간색 국화를 적절하게 심어 넣으면
부드러운 분홍색과 흰색 화단에
생명을 불어넣은 듯 뚜렷한 포인트를 느낄 수 있다.

## 국화과 꽃들이 만발하는 가을

에너지 가득한 노란색 계열이 주를 이루는 국화과의 꽃들은 계절의 여왕이라 불리는 5월에 서둘러서 화려함을 뽐내는 대부분의 봄꽃들과 달리 성급하게 나서지 않고 봄과 여름이 물러가길 차분히 기다린다. 우리의 선조들은 늦은 가을 첫 서리를 이겨내며 피는 국화의 자태가 우리의 어렵고 모진 시절을 함께해주는 고귀한 꽃임을 알고 그 가치를 인정해 당당히 사군자四君子에 이름을 올려 주었다. "어찌 꽃만이랴? 인생의 봄철, 철없고 미숙한 나이에 일찍 꽃피려는 조급한 이들이 얼마나 많은가." 능력을 키우기 전에 가지고 있는 능력보다 과욕을 부리는 사람들에게 국화꽃의 인내와 내실을 배우라고 유안진 작가는 성급한 젊은 세대들에게 메시지를 전하기도 했다.

❶ 메리골드 *Tagetes erecta*
❷ 다알리아 '해피 싱글 파티' *Dahlia* 'Happy Single Party'
❸ 버들잎해바라기 '골든 피라미드' *Helianthus salicifolius* 'Golden Pyramid'
❹ 멜란포디움 *Melampodium paludosum*

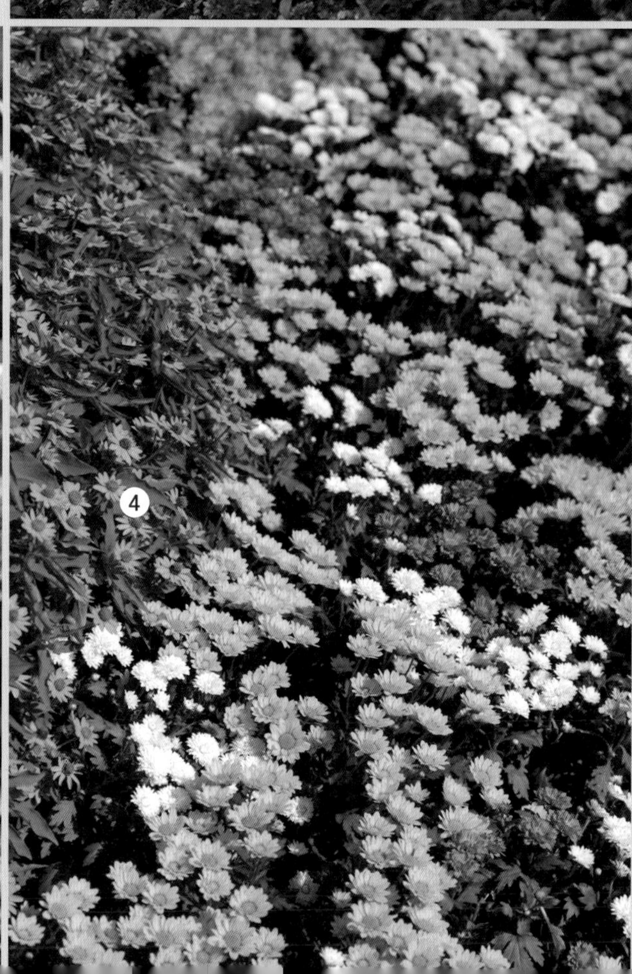

국화과 식물의 꽃은 흰색, 연보라색, 노란색 등 다양한 색깔로 피어난다.
구절초, 쑥부쟁이, 산국, 감국, 해국 등이 여기에 속한다.
사람들은 산과 들에서 자라는 야생국화 종류를 총칭하여 흔히 들국화라 부른다.
색깔만큼이나 화려한 국화 향기를 가득 머금고 가을의 산과 들을 장식한다.

봄과 여름이라는 인생의 전반기를 깊고 폭넓은 경험과 능력으로 차곡차곡 준비하여 때가 되면 그윽한 향기 퍼트리며 눈이 부시게 아름다운 꽃망울을 터뜨리는 국화의 일생은 마치 우리 세대에게 기다림의 태도를 외치는 듯하다.

새파란 가을하늘 아래,
잔잔한 꽃망울을 다소곳이 피운
솜털처럼 부드러운 꽃들이
단풍놀이에 지친 발걸음을 쉬어가라며 손짓한다.

도드라지지만,
때묻지 않아 더 순수한 흰색 톤의 식물들은
차분한 모습으로 눈길을 끈다.

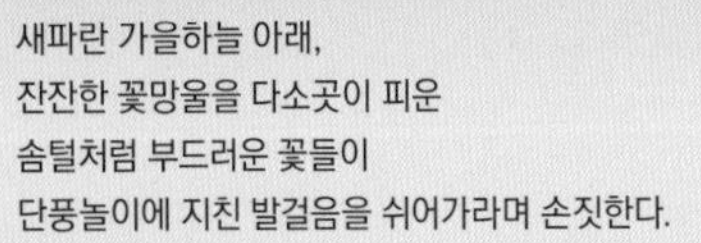

❶ **청화쑥부쟁이** *Aster ageratoides*
❷ **서흥구절초** *Chrysanthemum zawadskii* var. *leiophyllum*
❸ **아스타** *Aster* 'Puple Double'

❹ **황금배초향** *Agastache rugosa* 'Golden Jubilee'
❺ **아미** *Ammi visnaga*

헬리안서스 '레몬 퀸'
*Helianthus microcephalus*
'Lemon Queen'

**늦가을의 정취를 더해주는 코스모스**

어릴 적 길가에 활짝 피어있던 모습을 기억해 동심으로 돌아가게 하는 코스모스의 고향은 원래 미국 남부와 중앙아메리카 지역이다. 약 25종류의 원종이 있으며, 수없이 많은 개량된 품종들이 전 세계에 분포한다. 하늘거리는 분홍 꽃잎은 화사한 원피스를, 잎은 아리따운 여인의 모습을, 살랑거리는 노란색 꽃잎은 유치원에서 돌아와 엄마에게 손 흔드는 어린 아이의 모습을 연상케 한다. 맑은 가을 햇살에 참으로 잘 어울리며, 선명하고 다양한 꽃 색을 지닌 코스모스는 긴 개화기간으로 봄의 튤립처럼 가을꽃의 대명사로 널리 쓰인다.

# 12

# GRASS GARDEN COMBINATION

## 그라스와 함께하는 정원 풍경

찬바람이 불고 온 대지가 꽁꽁 얼어붙은 겨울 정원에는 지난 계절의 화려했던 흔적만이 남아 전반적으로 쓸쓸하고 적막함이 감돈다. 하지만 찾는 이의 발걸음마저 뜸해질 때도 인기가 시들지 않는 식물이 있으니, 바로 억새다. 억새는 우리나라 산과 들 어디서나 쉽게 볼 수 있는 흔하고 친숙한 식물이다. 억새는 봄과 여름에는 푸르고 억센 풀로 자라지만, 가을과 겨울에는 잎의 단풍과 함께 하얗게 솟아오르는 꽃과 종자로 사계절 그 존재감을 과시한다. 환경 적응력이 좋아 습한 곳이나 건조한 곳을 가리지 않고 잘 자라 우리 산과 들 전역에서 흔하게 자생하는 자생식물 중 하나이기도 하다. 최근 생태적인 정원이 각광받고 있는 추세를 감안하면, 억새류 식물들의 강인한 생명력과 저관리형 생태 특성은 앞으로 더 주목 받게 될 것으로 보인다. 억새와 느낌이 비슷한 사초와 수크령들도 그라스류로 분류되어 국내외 정원에서 많이 활용되고 있으며, 늘어나는 수요에 맞추어 다양한 품종들이 개발되고 있다.

바람에 흔들리며 자유롭게 춤을 추는 억새꽃은 솜털처럼 부드럽고 매력적이다. 한여름인 8월부터 나오기 시작해 가을에 절정을 이루는데, 겨우내 바람을 이용해 멀리 종자를 퍼트리는 특징을 가진 종자깃털은 마치 불꽃놀이를 하듯, 비슷하지만 조금씩 다른 개성을 발산한다. 폭발하는 불꽃처럼 하늘을 수놓으며 이리저리 하늘거리는 종자들은 삭막한 겨울정원을 포근하게 장식하며 색다른 매력을 선사해준다.

**억새가 주는 계절감**

겨우내 얼었던 토양이 녹으면서 저마다 새싹을 틔우려 발버둥 치는 봄, 뜨거운 태양 아래 온전히 푸른 잎을 펼치며 싱그러움을 한껏 뽐내는 여름을 지나 생명을 피우기 위해 쉼 없이 달려왔다면 가을은 어떤 정원의 모습일까? 가을 정원에서는 경쟁을 볼 수 없다. 오히려 봄과 여름의 정원에서 볼 수 없었던 여유를 느낄 수 있다.
늦여름의 억새가 주위의 푸른 잎 틈새에서 하얀 꽃을 피우며 자신의 존재를 알리기 시작했다면, 가을의 억새는 주변의 단풍들과 어우러져 성숙하고 은은한 아름다운 자태를 선보인다. 마지막 늦가을을 지나 겨울을 맞이하는 억새는 자신을 제외한 모든 식물들이 한해 생장을 멈추고 다음해를 맞이하는 그 시기에도 한 점 흐트러짐 없이 항상 그 자리에서 자신의 역할을 온전히 해낸다.
푸르름 가득한 늦여름에 피어나 한 해를 마무리하는 늦가을까지, 이처럼 계절의 시작과 끝을 함께 하는 억새이기에 사랑받는 것은 아닐런지 모르겠다.

9월

10월

11월

억새를 비롯한 벼과와 사초과 식물들은 침엽수나 다른 상록수와 마찬가지로 꽃이 사라진 가을과 겨울의 정원에서 그 진가를 유감없이 발휘한다.

❶참억새 '기간티우스'*Miscanthus* 'Giganteus'는 억새 중에서 가장 큰 키와 볼륨으로 정원의 가장 뒷줄에서 훌륭한 배경을 만들어 준다. 단풍이 든 것 같은 한결같은 붉은빛을 머금은 ❷테스타세아사초*Carex testacea*의 부드러운 물결은 계절감을 초월해서 특별한 분위기를 자아내고 ❸키노클로아 리기다사초*Chionochloa rigida*의 부드러운 색과 질감, 그리고 바람에 의해 흔들리는 역동성은 유난히 길고 추운 겨울정원에 더없이 중요한 역할을 한다. 생명력을 잃지 않은 초록색의 침엽수가 겨울정원을 장식하고 있지만, 자칫 단조롭고 지루하게 보일 수 있다. 그러나 다양한 그라스들을 뒷배경으로 배치한다면, 훨씬 더 부드럽고 깊이 있는 겨울정원을 연출할 수 있다.

나이아가라 원예학교의 정원.
한 공간에 가득 채워서 군식하는 것보다
부분적으로 적절하게 분산시키면
우아하면서 중후한 효과를 얻을 수 있다.

화려하면서도 시선을 확 사로잡는 자극적인 꽃이 없더라도 그 존재 자체만으로 정원에 깊이감을 더해주는 식물들이 있다. 자칫 밋밋할 수 있는 평면적이고 평범한 공간의 동선에 자리잡은 다양한 억새 품종들은 색과 질감이 다른 침엽수, 지피식물과 함께 어우러져 입체감과 깊이 있는 색다른 텍스처의 공간감을 완성해준다. 억새류는 볼륨감 있는 정원 연출을 위해 결코 빼놓을 수 없는 소재다.

❶ **무늬참억새**
*Miscanthus sinensis* 'Variegata'
❷ **황금실화백나무**
*Chamaecyparis pisifera* 'Filifera Aurea'
❸ **은쑥**
*Artemisia arborescens*
❹ **조개나물 '블랙 스칼롭'**
*Ajuga reptans* 'Black Scallop'
❺ **노랑무늬사초 '에버라임'**
*Carex oshimensis* 'Everlime'

경사지에 색과 질감이 다른 여러 종의 그라스 식물들을 모아서 식재하면,
산들산들 불어오는 바람에 출렁이는 역동적인 장면과 효과를 표현할 수 있다.

**유려하면서도 기품 있는 선과 컬러**

그라스 신품종들이 첼시 플라워 쇼에서 선보여졌고, 다양한 그라스 품종들이 영국의 위슬리 가든과 로즈모어 가든숍에서 전시 및 판매되고 있다. 창의적인 정원 소재로서 그라스류에 대한 관심과 흥미가 높아지고 있음을 엿볼 수 있다.

억새는 벼과 식물이지만 주변에서 흔하게 볼 수 있는 사초과 식물들과 유사한 모습을 하고 있다. 그래서 통틀어 같은 억새류로 분류해 특별한 구분 없이 정원에서 그라스Grasses 식물로 통용되고 있다.

사초과 식물들의 잎은 절묘하면서도 기품이 있는 난초의 선을 닮은 듯하다. 온 사방을 향해 힘있게 폭발하듯이 솟구치다가도 중력에 의해 자연스럽게 떨어지는 선의 흐름은 어느 곳에서 바람이 불어도 한쪽으로 치우치지 않는다. 유연하게 춤을 추듯 균형을 잡으며 역동적이면서도 자유로운 모습을 표출하는 품새가 우아하다.

영국의 위슬리 가든이나 큐 가든 같은 유수의 식물원에서는 해마다 다양한 색깔과 질감의 새로운 그라스 품종들을 속속 개발하고 있다. 그러나 국내시장은 해외와 달리 품종 개발에 대한 노력과 보급이 여전히 미미한 현실이다. 무궁무진한 미학적 아름다움을 지닌 그라스류 품종 개발이 절실한 시점이다.

❶풍지초 ‘아우레올라’*Hakonechloa macra* ‘Aureola’는 한층 더 밝아진 황금빛의 선명한 색상으로 표현된 잎의 질감과 동일한 흐름의 방향성이 정원의 후미진 공간이라 할지라도 주목을 받기에 충분한 조합이다. 식물의 색상으로는 보기 드문 검은색을 띠는 ❷흑맥문동*Ophiopogon planiscapus* ‘Nigrescens’의 어두운 흐름과 극명하게 대비된다.
수크령은 우리나라 산과 들에서 흔히 볼 수 있는 잡초처럼 흔한 식물로 여겨지지만, 강아지풀과도 비슷한 활짝 핀 꽃을 한아름 가득 퍼트린 ❸세타케움수크령*Pennisetum setaceum*은 분수가 솟구치듯 부드러운 볼륨감을 과시하며 은청색의 신비로운 색감을 가진 ❹김의털 ‘시스큐 블루’*Festuca idahoensis* ‘Siskiyou Blue’와 부드러운 조화를 이뤄 정원의 주인공이 되기도 한다.
은청색과 라임그린색의 신비로운 조합은 모내기를 하듯 단조로운 식재 패턴에도 불구하고 특별함을 선사하기에 충분하다. 하지만 습성이 전혀 달라서 건조함을 좋아하는 ❺푸른김의털*Festuca cinerea*과 습한 땅을 선호하는 ❻황금큰물사초*Carex elata* ‘Aurea’를 한 공간에서 지속적으로 감상하기 위해서는 섬세한 관리가 필요하다.

### 그라스와 함께 하는 정원 풍경

정원의 주연은 단연 아름다운 꽃이다. 앞다투어 피는 화려한 꽃들의 매혹적인 컬러는 보는 이의 발걸음을 유혹하듯 저마다 최상의 그림을 연출한다. 이러한 정원에서 화려하진 않지만 그저 자리하고 있음으로써, 정원의 기품을 더해 주는 식물이 있다. 바로 억새나 사초류 같은 그라스 식물이다. 색도 모양도 다른 다년생 꽃들은 정교한 손길이 없으면 자칫 산만해질 수 있지만 그렇다고 너무 욕심내 채우다가는 유치해지기 십상이다. 그러나 그라스 식물이 자연스럽게 섞인다면, 바람의 흐름에 따른 역동적인 움직임과 그에 따른 부드러운 질감이 더해져 우아한 여백을 불러온다. 이처럼 그라스는 정원이라는 무대에서 주목을 받는 화려한 주연은 아니지만, 다른 식물들과 어우러질 때 모두를 빛나게 하는 조연 역할로 훌륭한 식물이다. 그라스 홀로도 그 계절의 정취를 충분히 나타낼 수 있지만, '우리, 같이, 함께'라는 수식어가 더 잘 어울린다. 이제 조화로운 그라스 정원을 거닐어 볼까?

뉴질랜드에서 온 이국적인 ❶치노클로아*Chionochloa rubra*의 부드럽고 포근한 질감과 은은한 컬러, 바로 뒤에서 무수한 꽃 기둥을 한껏 힘주어 세워놓은 듯한 ❷카라키아스대극*Euphorbia characias*, 그리고 드라이 가든에서 자주 보는 ❸버베스쿰*Verbascum densiflorum*이 감싸 안으며 정원의 앞과 뒤에서 상호 완충작용과 함께 여백을 제공한다.

**그라스, 소리 없는 정원의 명품 조연**

그림 같은 정원을 마주하고 감동할 때 대부분의 방문객들은 그 아름다움의 요소를 분석하기 쉽지 않다. 아름답다고 느끼는 것에 만족하고 그냥 지나쳐 버린다. 하지만 그 아름다움을 정원에서 형상화시켜야 하는 가드너들은 정원이 왜 아름다운지에 대한 냉철한 분석이 필요하다. 먼저 우리의 눈이 정원 전체를 시각적으로 포착할 때, 식재된 식물은 똑같은 비중으로 감지되지 않는다. 우리는 특정한 컬러, 특히 녹색의 바탕색과 확실한 대비를 주는 ❶빨간색의 크로코스미아*Crocosmia hybrid* 'Lucifer'나 ❷청보라색 샐비어*Salvia nemerosa*의 유혹을 넘기지 못하고 본능처럼 멈추게 된다. 하지만 정원수 모두가 그러한 자극적인 원색이라면 상황은 달라진다. 능숙한 전문가들끼리도 강약을 조절하는 완급 능력에 차이가 있듯이, 정원에서도 자극적인 원색으로부터 거리를 둔 녹색의 쉼과도 같은 여백에 ❸아네만더레*Anemanthele lessoniana*같은 그라스가 필요하다. 그리고 그 여백으로 인해 안정감과 아름다움은 배가된다. 그라스의 역할은 이처럼 있는 듯 없는 듯 튀지 않으면서도 색깔과 개성이 강한 꽃들을 조정하는 데 있다. 아름다운 경합을 벌이는 장인들처럼 정원의 긴장감을 확실하게 살려주는 소리 없는 명품 조연이다.

### 쉼이 있는 여백의 미

❶샐비어 '블루 힐'*Salvia × sylvestris* 'Blue Hill'과 ❷샐비어 '위수위'*Salvia nemerosa* 'Wesuwe'의 보라빛 꽃물결이 일렁이는 듯 환상적인 흐름에 더욱 신비로움을 더해주는 그라스가 있다. ❸세스레리아*Sesleria autumnalis*의 밝은 라이트그린과 ❹에린지움*Erium yuccifoliumyng*의 진한 그라스로 변화를 주어 더할 나위 없는 배경이 된다.

아래 화단에서는 ❺파리나세아샐비어*Salvia farinacea*의 블루 색감과 점차 옅어지며 퍼지는 ❻버베나 보나리앤시스*Verbena bonariensis*와 ❼세타케움수크령*Pennisetum setaceum*의 색감을 볼 수 있는데, 바람에 흩어지면서 손짓하는 듯 절묘한 배경을 이루고 있다. 수크령 속*Genus pennisetum*의 약 80여종은 온대에서 열대에 걸쳐 널리 분포한다. 속명인 Pennisetum은 깃털feather을 뜻하는 penna와 빳빳한 털bristle을 가리키는 seta의 합성어로, 라틴어에서 유래하였다. 영명은 Fountain grass이다. 한국명인 수크령은 꽃을 제외한 지상부가 비교적 유사한 식물인 그령*Eragrostis ferruginea*과 닮았으나, 굵게 솟아오른 남성적인 꽃대의 모습 때문에 ㈜그령에 비유하여 붙여진 것으로 알려져 있다.

수크령 속에 포함되는 종 중에서 가장 추위에 강한 수크령*Pennisetum alopecuroides*은 한국과 일본 및 대부분의 동아시아에 자생하고, 호주 서부의 일부 지역에서도 자라는 것으로 알려져 있다 (출처: 송기훈미산식물원).

**평화로운 목가적 그라스**

보기만 해도 시원하게 탁 트인 드넓은 야생 초원은 평화로운 전원 풍경으로 우리에게는 선망의 대상이지만 목축업을 많이 하는 영국이나 뉴질랜드 같은 나라에서는 흔한 광경이다. 자연스럽게 펼쳐진 야생 그라스들 사이로 ❶꽃양귀비*Papaver rhoeas*와 ❷옥스아이데이지*Chrysanthemum leucanthemum* 같은 야생화들이 자연스럽게 섞여 목가적인 분위기를 만들어 준다. 자연에서 비롯된 아름다움은 언제나 감동적이다. 이러한 정원은 주로 파종해 조성하며, 일단 식물들이 자리를 잡으면 특별히 손질할 필요가 없다. 생태적으로도 매우 유익한데 야생동물들에게 풍부한 먹이와 피신처를 제공해주어 환경적으로 큰 기여를 하기 때문에 최근 세계 여러 곳에서 차츰 인기를 얻어가고 있다.

❶ **털수염풀 트리초토마**
*Nassella trichotoma*
❷ **털수염풀**
*Stipa tenuissima*
❸ **풍지초 '아우레올라'**
*Hakonechloa macra* 'Aureola'

## 정형화된 틀을 벗어난 자유로운 선의 흐름

사람의 필요에 따라 만들어진 선들의 단조롭고 정형화된 틀에 우리는 너무 익숙해져 있다. 동시에 그 익숙함을 벗어나 자신을 확장시키며 한계라고 규정된 틀을 넘나드는 예술 작업에 우리는 대리만족을 하며 환호한다. 비록 정원의 정형화된 구역 안에서이지만 자연스러움과 자유로움을 표현할 수 있는 특별한 소재의 식물이 바로 그라스다. 흐트러지고 비정형화된 자유로운 굴곡으로 단순하면서도 강력한 물결의 흐름을 연출하며, 자리하고 있는 공간 어디에서든 삼킬 듯이 출렁이며 넘실거림을 뽐낸다.

## 부드러운 포용

모난 바위들 틈에서 새하얗게 미소 지으며 펼쳐진 ❶흰꽃세덤*Sedum album* 뒤로 바위들을 감싸안듯 자리한 ❷제로필리움*Xerophyllum*과 ❸오스트로스티파*Austrostipa stipoides*가 부드러운 배경이 돼 어우러져 있다. 황량하고 척박한 과거의 모습을 세월로 치유하듯 포용하며 부드러운 생명의 위대함을 표현한다. 이러한 포용력은 인공적인 보도의 딱딱한 선의 흐름을 ❹풍지초 '아우레올라'*Hakonechloa macra* 'Aureola'로 덮어버림으로써, 그리고 융통성 없는 건물의 반듯한 수직 공간을 ❺참억새 '기간티우스'*Miscanthus* 'Giganteus'의 시원한 볼륨으로 가리고 서서 든든한 녹색 기둥이 된다.

### 잔잔하면서 은은한 그라스만의 색감

아무리 오래 바라보아도 질리지 않고 볼 때마다 편안한 아름다움을 전해주는 자연의 색상, 우리가 사는 이 땅의 대부분을 장식하고 있는 식물의 색상이 바로 그것이다. 억새나 사초 등의 그라스 식물은 화려하게 치장한 꽃이나 오래된 나무처럼 커다란 볼륨감은 없지만, 그라스만이 가진 역동적인 개성, 자유로운 형태, 독특한 질감 등은 다른 곳에선 볼 수 없는 특별한 분위기를 자아낸다. 종류별로 다양한 그라스는 형태와 컬러는 다르지만, 서로 비슷한 색끼리의 조화라는 공통된 성질 때문에 부드러우면서도 자연스러운 어우러짐을 만들어 무난한 안정감을 준다. 하지만 잔잔하면서 은은한 변화 때문에 지루해지지 않도록 반드시 명암차를 충분히 주어 차별화해야 한다.

### 하얀 톤의 무채색 그라스

아직 다른 색에 물들지 않은 순수한 무채색의 컬러, 깔끔하면서도 밝은 이미지를 가진 하얀 톤의 무채색 그라스는 ❶흰줄갈풀*Phalaris arundinacea* var. *picta* 'Feesey'과 ❷무늬참억새*Miscanthus sinensis* 'Variegatus'가 대표적이다. 선명하고 시원한 무늬참억새 뒤로 커다란 솜털을 연상케하는 ❸팜파스그라스*Cortaderia selloana*는 부드러운 솜뭉치 같은 꽃으로 무겁고 진한 늦여름의 정원에 청량감을 더한다. ❹네페타 '피스파이크'*Nepetax* 'Psfike'의 은은한 청보라색은 흰줄갈풀과 어우러져 차분하며 시원한 느낌을 준다. ❺컨덴사투스개보리*Elymus condensatus*는 주목을 끄는 은청색으로 하얀 꽃들의 단조로움에 화이트 가든에서만 볼 수 있는 신비감과 깊이감을 더해 준다.

1
4

3
2

5

### 적색 계열의 그라스

식물의 기본 색상인 녹색 바탕에 가장 튀는 컬러가 적색 계열이다. ❶세타케움수크령*Pennisetum setaceum* 'Purpureum'의 자칫 무거워 보일 수 있는 암적색은 경쾌한 주황색의 ❷콜레우스 '헨나 레드'*Coleus* 'Henna Red'로 훨씬 생동감 있는 확장을 줘 주목을 끌기에 충분하다. 유사색이지만 한결 부드러운 ❸아프리카데이지 '선아도라'*Osteospermum ecklonis* 'Sunadora'의 밝아진 그라데이션으로 자연스러운 하모니를 이루었다. 뉴질랜드삼 또는 뉴질랜드아마라고 불리는 포미움 중에 가장 화려한 컬러를 보여주는 ❹포미움 '제스터'*Phormium* 'Jester'는 어디에 있어도 확실한 존재감을 자랑한다. ❺코만스사초*Carex comans*의 단풍으로 물든 듯한 부드러운 질감의 컬러는 ❻헬레니움 '마르디 그라스'*Helenium* 'Mardi Gras' 꽃의 그것과 동일한 패턴으로 차분한 효과를 연출한다.

### 선명하고 밝은 노란색 그라스

선명하고 밝은 형광 노란색의 가느다란 잎이 조밀하게 흘러내린 듯한 ❶황금큰물사초*Carex elata* 'Aurea'는 연못가 반그늘에서 더욱 강조된다. 같은 환경 조건을 좋아하는, 노란 꽃을 피운 ❷불레이아나앵초*Primula bulleyana*와 ❸꽃창포*Iris ensata*의 흰꽃은 깔끔한 포인트로 마무리되고 있다. 아래 사진에서는 ❶황금큰물사초*Carex elata* 'Aurea'의 힘있게 자리잡은 색감이 ❹노루오줌 *Astilbe* x *arendsii*의 진한 컬러와 대비돼 더욱 선명하게 다가온다.

## 눈에 띄는 화려한 노란색 그라스

어느 곳에 자리하고 있어도 눈에 확 띄는 가장 화려한 관상용 그라스 중의 하나인 ❶풍지초 '아우레올라'*Hakonechloa macra* 'Aureola'는 끊임없이 솟구치듯 역동적인 가느다란 줄무늬의 밝은 노란색 잎이 관상 포인트다. 노랑무늬풍지초는 주변의 ❷아스트란티아 '샤기'*Astrantia major* 'Shaggy'가 가진 백색의 청순함을 돋보이게 한다.

신비감을 주는 은청색의 ❸옥잠화 '슈가 대디'*Hosta* 'Sugar Daddy'와 ❹옥잠화 '할시온'*Hosta tardiana* 'Halcyon'이 갖는 두꺼운 질감의 부드러움과도 조화롭다. 또한 청보라 ❺부채붓꽃*Iris setosa*의 선명함을 받쳐주고, 같은 색감의 ❻장미 '오레골드'*Rosa* 'Oregold'의 실루엣 너머 카펫이 되어주기도 한다. ❼유코미스 *Eucomis bicolor* 'Purple Passion'와는 한층 더 밝아진 명암 대비로 모두를 부각시키며 어느 정원에서도 확실한 존재감을 나타낸다.

**신비로운 은청색 계열의 그라스**

식물이 보여주는 컬러 중에 가장 신비로운 은청색은 색다른 특별한 연출을 가능하게 한다. ❶글라우카김의털*Festuca glauca*과 ❷와송*Orostachys japonica*의 조합은 둘 다 건조함과 빛을 좋아해 이웃하기 좋고, ❸에린지움*Eryngium amethystinum*의 청색은 농도 짙은 그라데이션으로 신비감을 더한다. ❹백묘국*Senecio cineraria*은 한층 밝아진 은색에 주목을 끄는 노란 꽃으로 포인트가 된다. 글라우카김의털과 비슷한 ❺콜렌소이포아풀*Poa colensoi*과 ❻아카에나*Acaena inermis* 'Purpurea'는 모두 뉴질랜드에서 온 식물로 흔하지 않은 신비로운 컬러 패턴을 연출한다.

# GARDEN PLANT COMBINATIONS

# PART 3

## COMBINATIONS BY

# TREE

# 13

# EVERGREEN TREE COMBINATION

## 겨울정원의 주연, 침엽수

계절마다 정원의 주인공이 달라진다. 봄에는 화려하고 아름다운 꽃이 조명을 받고, 여름에는 녹음 짙어지는 시원한 나무 그늘이 인기가 있고, 가을에는 형형색색 물드는 단풍이 주목을 받는다. 그렇다면 겨울 정원의 주연은 누구일까? 겨울이 되면 다른 계절에는 볼 수 없는 적나라하게 드러나는 정원의 맨 얼굴과 마주하게 된다. 이제까지 다른 계절의 주연에 가려 보이지 않던 정원의 골격과 뼈대를 이루는 나무의 선과 질감이 겨울정원의 주연으로 부상하게 된다. 여기에 눈까지 내리면 보다 더 명확하게 그 정원의 아름다운 선과 윤곽을 통해 또 다른 장면이 연출된다.

❶
**코니카가문비**
*Picea glauca*
잎이 매우 조밀하고 깔끔하며 특별히 전정을 하지 않아도 수형이 원추형으로 아름답다. 전나무, 구상나무, 주목과 함께 크리스마스 트리로 이용된다. 내한성과 내공해성이 있으며 병충해에도 강해 최근 많이 식재되고 있는 수종이다.

❷
**화백나무 '볼바드'**
*Chamaecyparis pisifera* 'Boulevard'
날카로운 가시가 없고 새로 나온 잎은 블루 색상으로 매우 아름답고 매력적인 침엽수다. 맹아력이 강해 전정을 통해 원하는 형태로 연출이 가능하다. 환경 적응력도 좋아 다양한 정원에 잘 활용될 수 있는 좋은 소재다.

### 침엽수의 진가

정원에서 수목이 연출하는 경관은 그 볼륨으로 인해 어디에 있든지 지배적인 위치를 차지하게 된다. 나무를 심는다는 것은 장기적인 안목이 요구되어, 다 자랐을 때의 크기와 형태를 고려해 신중하게 결정해야 한다. 낙엽수의 계절적인 변화와 상록수의 영구적인 분위기를 고려해, 적절한 균형과 조화도 반드시 조율해야 한다.
상록수 중에서 우리나라와 같은 온대지역에 월동 가능한 내한성이 있는 수종은 주로 침엽수다. 침엽수는 종류에 따라 사철 보여주는 잎의 컬러, 크기, 형태가 다양해 다른 식물들의 잎이 떨어진 겨울에 특히 그 진가를 보여준다.
사진에서처럼 역동적인 가든레일 미니어처 정원에서 침엽수들의 진가가 잘 드러난다.

**❶ 황금왜성편백**
*Chamaecyparis obtusa* 'Nana Lutea'
1867년에 프랑스에서 발견된 작은 왜성형의 편백나무종으로 대부분의 침엽수들이 어두운 녹색인 것에 비해 밝은 황금빛 컬러로 정원에 밝고 화려한 연출을 가능케 해준다.

**❷ 향나무 '블루 스타'**
*Juniperus squamata* 'Blue Star'
생장 속도가 느리고 왜성형으로 가지를 쳐주면 둥글게 청록색이 더 잘 발현되는 특성을 가지고 있고 컬러와 모양이 좋아 최근 많이 이용되는 식물이다.

## 침엽수의 배식

식재를 잘하기 위해서는 세심하게 나무의 키순으로 배치하여 안정적이고 편안한 균형감을 확보하고, 모든 구성 식물들이 잘 보이고 일조량도 확보할 수 있도록 해야 한다. 또한 건물과 식물의 크기가 균형을 이루는 것이 중요하다.
특별한 목적이 없다면 너무 압도적인 식물을 집 앞에 심는 것은 피하는 것이 좋고, 다양한 침엽수와 억새만으로도 겨울정원의 형태나 컬러를 다채롭게 표현할 수 있다.

**❸ 에메랄드 골드측백**
*Thuja occidentalis* 'Emerald Gold'

**❹ 향나무 '블루 애로우'**
*Juniperus scopulorum* 'Blue Arrow'

**❺ 황금주목**
*Taxus cuspidata* 'Aurea'

**❻ 황금향나무 '아우레아'**
*Juniperus chinensis* 'Aurea'

**❼ 무늬참억새**
*Miscanthus sinensis* 'Variegatus'

**❽ 향나무 '블라우'**
*Juniperus chinensis* 'Blaauw'

❶ **향나무 '풀모사 아우레아'**
*Juniperus chinensis*
'Plumosa Aurea'

❷ **눈향나무 '블루 칩'**
*Juniperus horizontalis*
'Blue Chip'

❸ **향나무 '올드 골드'**
*Juniperus pfitzeriana*
'Old Gold'

❹ **눈향나무 '프린스 오브 웨일스'**
*Juniperus horizontalis*
'Prince of Wales'

### 침엽수의 생장 습성

식물의 생장 습성과 형태는 정원을 구성할 때 다양한 연출을 가능하게 하는 요소다. 침엽수 중에는 눈향나무처럼 포복형으로 낮게 깔리는 습성을 가진 종류들이 많은데 정원의 경사지나 바닥을 파도치듯 덮어주는 특성을 가진다. 푸르름을 보기 힘든 겨울정원에 형태가 다른 식물과 어우러져 변함없는 싱그러움을 보여준다.

### 침엽수의 컬러

색이 빈약한 겨울정원에 있어서 침엽수의 색은 절대적인 위치를 차지한다. 침엽수에서 나타나는 색은 너무 화려하지도 자극적이지도 않아 어느 식물의 색과 어울려도 효과적인 연출이 가능하다.

❺ **코니카가문비 '알버티아나 블루'**
*Picea glauca* 'Albertiana Blue'

❻ **황금주목**
*Taxus baccata*

**침엽수의 친구들: 억새류**

침엽수와 잘 어울리는 식물 중에는 억새류를 포함한 관상용 그라스가 있다. 억새류는 크기나 모양, 잎의 색이나 무늬 그리고 개화 시기와 꽃의 모양 등으로 나누어진 160여종의 다양한 품종이 있는데 대부분의 자생지가 우리나라를 포함한 극동아시아 지역이다. 최근에는 자생지가 아닌 미국이나 유럽의 정원 소재로 많이 이용되는 추세이며 대부분이 산성토양을 선호하고 침엽수가 자라는 토양의 조건과도 같아 좋은 콤비를 이룬다.
억새의 특징은 겨울에도 줄기와 잎과 이삭이 그대로 형태를 유지하며 군락을 이루어 바람에 자연스럽게 흔들리고, 부드러움과 우아한 질감을 연출해주어 침엽수와 함께 심으면 더욱 효과적인 사철 볼륨감 있는 정원을 만들 수 있다.

가을 단풍과 함께 황금실화백, 은청가문비, 구상나무 같은
침엽수의 색감이 더욱 선명해지고
무늬참억새, 수크령 등 억새의 부드러운 꽃까지 더해져
가을의 정원은 더욱 깊어간다.

**모로위사초**
*Carex morrowii*

**무늬참억새**
*Miscanthus sinensis* 'Variegatus'

캄파눌라 락티플로라
*Campanula lactiflora*

제라늄 '존스 블루'
*Geranium* 'Johnson's Blue'

### 침엽수의 친구들: 꽃

여러 가지 장점에도 불구하고 침엽수만 있는 정원은 아무래도 단조롭다. 따라서 지루하게 이어지는 서양주목나무의 울타리에 캄파눌라*Campanula lactiflora*를 마치 드레스를 입힌 듯 수놓았다.
길게만 느껴지는 녹색 수벽에 파란 구름을 깔듯 제라늄*Geranium* 'Johnson's Blue' 한 가지를 단색으로 심플하게 식재하기도 하고, 백묘국, 샐비어, 루드베키아를 레이스 장식을 꾸미듯 식재함으로써 단순한 침엽수의 세계에 활력을 줄 수 있다.

**루드베키아**
*Rudbeckia hirte* L.

**샐비어**
*Salvia splendens*

**백묘국**
*Senecio cineraria* DC.

**엔젤로니아**
*Angelonia angustifolia*
'Serenita Lavender Pink'

## 침엽수 화단

정원에서는 식물 하나의 개체만으로도 충분히 아름다움을 연출할 수 있지만, 형태와 크기와 색이 각기 다른 여러 식물들을 적정한 거리를 두어 하모니를 연출하는 것은 정원을 만드는 또 다른 묘미다. 여기에 침엽수의 역할 또한 적지 않다.

❶ **캐나다솔송 '몬 킨'**
*Tsuga canadensis* 'Mon Kinn'

❷ **금백나무 '미니오바'**
*Chamaecyparis lawsoniana* 'Mininova'

❸ **백향목 '글라우카 팬둘라'**
*Cedrus libani* 'Glauca Pendula'

**서양측백나무 '에메랄드 골드'**
*Thuja occidentalis* 'Emerald Gold'

**황금실화백나무**
*Chamaecyparis pisifera* 'Filifera Aurea'

**은청가문비나무 '홉시'**
*Picea pungens* 'Hoopsii'

많은 식물들이 공존하는 공간인 정원에서 유난히 눈에 띄는 나무가 있다. 다양한 초록의 바탕에 밝게 빛나는 ❶ 캐나다솔송 '몬 킨'(*Tsuga canadensis* 'Mon Kinn')은 위로만 향하는 상향 대세에서 아래로 존재감 있는 개성을 드러내며 다른 침엽수들과 하모니를 이룬다.

잔디보다 진한 톤의 향나무 '블루 스타'와 철쭉의 바랜듯 은은하게 이어지는 색채가 자연스럽게 이어진다.

❷ 금백나무 '미니오바'의 밝은 컬러가 사루비아의 빨간색이 품고 있는 강렬함을 더욱 배가시키고,
❸ 백향목은 조연으로 은은하게 받쳐주고 있다. 왜성형의 구상나무는 날카로운 바위를 부드럽게 감싸 안으며 경계를 이어주고 있다.

## 침엽수와 겨울 친구들

대지의 속살을 드러내는 겨울 정원은 다른 계절과는 달리 꽃도 없고 생동감 있는 초록도 없어 삭막하기 그지없다. 변함없이 늘 푸른 침엽수가 정원의 틀과 중심을 잡아주지만 너무 진중한 분위기여서 무거운 분위기를 떨쳐버리기 힘들다. 따라서 도와줄 친구들이 필요하다. 빨간 낙상홍의 열매나 말채나무의 다채로운 줄기, 그리고 자유롭고 유연한 억새들의 움직임과 텍스처가 어우러진다면 다른 계절에 볼 수 없는 깊은 겨울 정원의 매력들이 더해질 것이다.

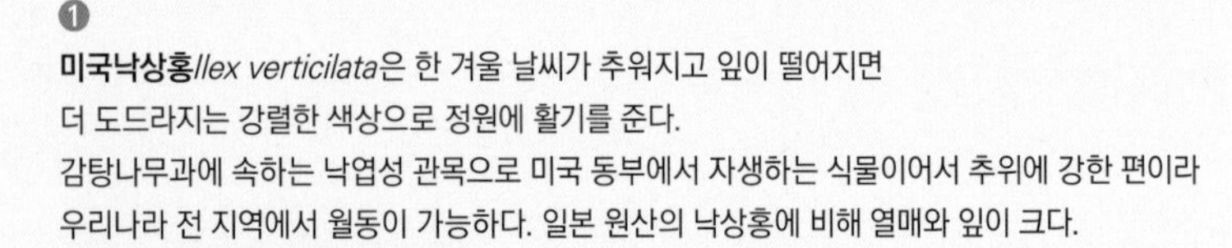

❶
**미국낙상홍***Ilex verticilata*은 한 겨울 날씨가 추워지고 잎이 떨어지면
더 도드라지는 강렬한 색상으로 정원에 활기를 준다.
감탕나무과에 속하는 낙엽성 관목으로 미국 동부에서 자생하는 식물이어서 추위에 강한 편이라
우리나라 전 지역에서 월동이 가능하다. 일본 원산의 낙상홍에 비해 열매와 잎이 크다.
먹이가 없는 겨울새들을 불러들여 열매와 함께 새들도 감상할 수 있는 좋은 소재다.

얼어붙은 대지에 아무런 생기가 없을 것 같은 한겨울에도 형태와 색을 오랫동안 간직하고 있는 식물들이 모여 있다. 진하고 어두운 톤의 향나무 '블루 스타'와 패랭이꽃 '픽시 스타'가 밝고 활동적인 황금무늬사초와 쥐똥나무 '선샤인'과 함께 따뜻한 양지에 모여 있다(상단 사진은 여름, 하단 사진은 겨울이다).

# 14

# SHRUB GARDEN COMBINATION

## 정원의 기본 골격, 관목의 어울림

나무는 정원의 형태를 만들어주는 가장 영향력 있는 소재로, 교목성 큰 나무들은 시야에서 벗어나 주로 배경이 되지만 작은 나무, 즉 관목류들은 크지도 작지도 않은 적당한 사이즈로 섬세한 정원의 골격을 만들어주고 형태와 컬러도 다양해서 많은 경우 관목에 의해서 정원의 성격이 결정되기도 한다.

초본성 식물보다 자라는 속도도 빠르고 몇 그루만 있어도 꽉 차보이는 목본성 식물은 다시 키가 크고 압도적인 교목과 키가 작고 여러 형태와 종류가 있는 관목으로 분류된다. 관목은 화려한 꽃을 감상하는 화목류와 잎의 색과 형태를 관상하는 관엽류로 세분할 수 있다. 규모가 그리 크지 않은 정원에서는 사이즈가 너무 커져서 시야에서 벗어난 교목보다는 적당한 볼륨의 관목이 주목을 끌기에 적합하기 때문에 여러 정원에서 많이 활용된다. 도시 정원의 역사가 긴 유럽의 정원을 보면, 초화류가 가질 수 없는 굵직한 볼륨감과 일제히 꽃을 피우며 압도하는 화목류의 화려함을 일찍이 활용한 경우를 도시 곳곳에서 볼 수 있다.

수목이 주를 이루는 정원을 예로 들면, 키가 큰 교목은 외부와의 경계를 구분해주고, 교목과 아교목은 정원의 얼굴을 맡는다. 쭉 늘어선 관목 행렬은 정원의 중심을 잡아준다. 다양한 관목 수종이 나란히 이어지면서 나타나는 다종다양한 형태와 색의 조화로움, 그리고 층을 달리한 관목 배치는 볼륨감과 부드러운 느낌을 전해준다.

❶ **크로닐라 글라우카**
*Coronilla valentina* subsp. *glauca*

❷ **캘리포니아라일락 '줄리아 페립스'**
*Ceanothus* 'Julia Phelps'

❸ **코이시아 '아즈텍 펄'**
*Choisya* × *dewitteana* 'Aztec Pearl'

## 올바른 수종의 선택과 관리

정원에 알맞은 수목을 심기 위해서는 수종을 선택하기에 앞서 신중한 고민이 필요하다. 내 맘에 들고 예쁘다고 해서 무작정 정원에 들였다가는 자칫 정원을 삼켜버리는 괴물을 들여올 수도 있다. 수목은 지속적이고 꾸준하게 정원에서 큰 역할을 하기 때문에 한 번 잘못 들인 나무는 정원의 균형과 조화로움을 해칠 수 있다. 때문에 선택한 수목이 장기적으로 보았을 때 얼마만큼 자라고, 어떤 색과 형태를 가지는지 알아야 한다. 잎의 색이 아름다운 관목들을 정원에 선택하면 포인트가 되고 색감을 살려주는 감초 역할을 톡톡히 해낸다.

붉은색의 공작단풍은 부드러운 질감과 풍성함뿐만 아니라
아름다운 색까지 뽐내는 수목 중 하나다. 하지만 적절한 수량과 배식 간격을 고려하지 못할 경우
나무의 경계가 서로 이어지면서 하나의 큰 덩어리가 되어버리기도 한다.

황금코로나리우스의 황금노란색과 홍가시나무의 어두운 자주색의 조화는
너무나 아름답다. 그러나 나무의 성장세를 고려하지 못한 식재는
있어야 할 자리뿐만 아니라 다른 식물들의 자리까지 탐을 내기 시작한다.

❶
**공작단풍나무**
*Acer palmatum* var. *dissectu*

❷
**홍가시나무**
*Photinia glabra* a 'Rubens'

❸
**황금향고광나무**
*Philadelphus coronarius* 'Aureus'

형태와 크기 그리고 잎의 컬러가 다른 목본식물들의 조합은 정원의 전체적인 느낌과 분위기에 여러가지 면에서 크게 영향을 끼친다. 정원의 기본적인 공간감과 원근감은 수목이 결정해준다. 수목이 가지는 형태와 컬러는 정원의 분위기 조성에 영향을 끼치기 때문에 목본 식물의 조합은 정원의 중요한 요소다. 때문에 정원에 사용된 수목들의 크기, 색, 형태들의 조화는 아름다운 정원의 필수 조건이다.

❶ **서양측백나무 '에메랄드 골드'** *Thuja occidentalis*
❷ **칼루나 '골드 헤이즈'** *Calluna vulgaris* 'Gold Haze'
❸ **유럽너도밤나무 '포르포레아'** *Fagus sylvatica* 'Purpurea'
❹ **램즈이어** *Stachys byzantina*
❺ **황금큰물사초** *Carex elata* 'Aurea'
❻ **돈나무 '톰 썸'** *Pittosporum tenuifolium* 'Tom Thumb'
❼ **서양톱풀** *Achillea millefolium*
❽ **일본조팝나무 '골드 마운드'** *Spiraea japonica* 'Gold Mound'
❾ **풍접초** *Cleome spinosa*
❿ **가우라** *Gaura lindheimeri*

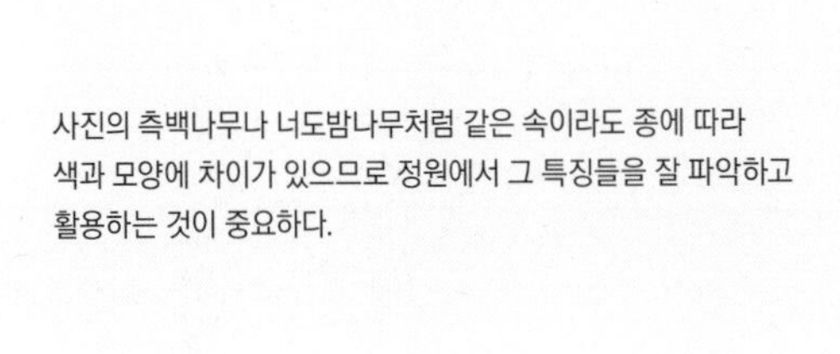
사진의 측백나무나 너도밤나무처럼 같은 속이라도 종에 따라 색과 모양에 차이가 있으므로 정원에서 그 특징들을 잘 파악하고 활용하는 것이 중요하다.

황금색 조팝나무가 화단과 정원의 공간감을 잡아주고 있다.
정원의 경계를 잔디밭과 자연스럽게 이어주면서 잔디밭과 대비되는 황금색은
상큼한 생명력을 불어넣어 밝은 분위기를 만든다.

❶ **가문비나무 '홉시'** *Picea pungens* 'Hoopsii'
❷ **비비추 '브레싱엄 블루'** *Hosta* 'Bressingham Blue'
❸ **일본조팝나무 '골드 마운드'** *Spiraea japonica* 'Gold Mound'
❹ **다윈매자나무** *Berberis darwinii*
❺ **플록스 '에메랄드 블루'** *Phlox subulata* 'Emerald Blue'

정원의 골격을 이루는 색이 노란색과 자주색인데, 이 색을 표현하는 식물은 조팝나무, 홍매자나무, 사사다. 노랑과 자주의 화려하고 강렬한 조화를 중심으로 잔잔하고 부드러운 초화를 추가함으로써 정원을 더욱 풍성하고 아름다운 모습으로 가꿀 수 있다. 정원의 골격이 되는 수목들의 조화는 아름다운 정원이 되기 위한 기본이라 할 수 있는데, 여기에 다양한 초화가 식재됨으로써 비로소 표현하고자 하는 정원으로 완성된다.

### 노을을 닮은 자줏빛 잎사귀의 하모니

다양한 멋을 낼 수 있는 색 중의 하나가 바로 자주색이다. 자주색의 밝고 어두운 톤에 따라 발랄한 분위기를 유도하기도, 점잖고 고급스러운 분위기를 자아내기도 한다. 이렇게 매력적인 자주색은 어떤 색을 함께 매치하느냐에 따라 다양한 느낌을 만들어 낼 수 있다.

❶ **자엽안개나무**
*Cotinus coggygria* 'Royal Purple'
❷ **휴케라 '캐러멜'**
*Heuchera* 'Caramel'
❸ **자엽중산국수나무**
*Physocarpus opulifolius* 'Monlo'
❹ **자엽여뀌**
*Persicaria microcephala* 'Red Dragon'
❺ **홍가시나무**
*Photinia glabra* 'Rubens'
❻ **물망초**
*Myosotis scorpioides*

❶ 다알리아 '해피 싱글 로미오' *Dahlia* 'Happy Single Romeo'
❷ 안개나무 '로열 퍼플' *Cotinus coggygria* 'Royal Purple'
❸ 등나무 *Wisteria floribunda*

### 자엽안개나무와의 조화

봄에 새순이 나오면서부터 가을에 낙엽이 지기까지 항상 변함없이 색을 잃지 않는 붉은 자주색의 잎이 관상 포인트인 자엽안개나무*Cotinus coggygria* 'Royal Purple'는 여름에 꽃이 안개처럼 피어 붉은 먼지가 흩날리는 듯한 형상으로 신비감을 더해 준다. 꽃은 피었다 진 후의 허무함과 그 다음 장면에 대한 고심이 생기지만 변함없이 그 자리에서 항상 제 색깔을 내주는 자엽안개나무의 존재는 더 진한 톤의 다알리아나 연한 톤의 등나무와 어울려 꽃보다 더 진한 강렬한 인상을 남긴다.

### 홍매자나무의 하모니

매자나무는 전정을 해줄수록 맹아력이 좋아 치밀하게 꽉 차는 특성이 있고 홍매자나무*Berberis thunbergii*의 경우 새순이 나올 때 색이 더 선명해져 정원의 경계 펜스목이나 라인을 잡는 데 많이 활용된다. 그늘에서도 잘 견디기는 하나 강한 햇빛 아래에서 색이 더 좋아지며 한여름 무더위와 건조에도 강한 편이어서 도시의 환경에 적합한 수종이라 할 수 있다. 다만 가시가 있어서 관리에 주의를 해야한다.

❶ 세덤 '골드 마운드'
*Sedum mexicanum* 'Gold Mound'
❷ 홍매자나무
*Berberis thunbergii* f. *atropurpurea*
❸ 섬회양목
*Buxus microphylla*
❹ 쥐똥나무 비카리
*Ligustrum* × *vicaryi* 'Golden Ticket'

## 삼색버드나무의 하모니

초여름 정원에 내려앉은 구름과 같은 아름다움을 뽐내는 삼색버드나무*Salix integra* 'Hakuro-nishiki'. 나무의 중심에서부터 바깥으로 분수처럼 길게 뻗은 가지에 초록, 분홍과 흰색의 그라데이션은 그야말로 맑은 하늘에 두둥실 떠있는 솜사탕 모양의 구름처럼 은은한 자태를 뽐낸다. 햇빛을 받으면 영롱하게도 보이는 그 오묘한 조합은 그 자체로 엄청나다. 바람이라도 살랑 불어 올 때면 춤을 추듯이 일렁이는 삼색의 조화는 사람들의 감탄을 자아내기도 한다. 뭉게뭉게 작은 구름을 뭉쳐놓은 것처럼 유인하기도, 하나의 커다란 구름처럼 유인하기도 하는데 모두 다 아름답다.

❶ **큰꽃으아리**
*Clematis patens* 'The President'

❷ **삼색버드나무**
*Salix integra* 'Hakuro-Nishiki'

❸ **홍매자나무**
*Berberis thunbergii* f. *atropurpurea*

❹ **무늬창포**
*Acorus calamus* 'Argenteostriatus'

### 시원한 레몬색의 하모니

밝고 환한 레몬색은 정원에 엄청난 에너지와 기운을 넣어준다. 조그맣고 자잘한 레몬색은 아기자기하고 부드러우며 귀여운 느낌을 풍기고, 큼지막한 레몬색은 시원하고 청량한 느낌을 풍긴다. 그래서 정원에서의 레몬색은 마치 심심했던 놀이터에 재주도 많고, 놀기도 잘 노는 친구 하나가 들어온 것 같이 정원에 활기찬 생기를 넣어준다. 무더운 여름철 정원의 청량제 같은 상큼한 레몬색은 설구화의 흰색과 어울리면 더욱 깔끔해 보인다. 또 어두운 컬러의 흑맥문동과 어울려서도 더욱 선명함과 균형감을 나타내는 좋은 소재다.
보라나 파랑은 밝고 환한 레몬색에 대비되어 서로의 색을 돋보이게 하는 상생하는 관계다. 레몬색에 대비되는 파랑은 더욱 시원하고 맑고 푸르게 보이고, 대비되는 보라는 더욱 선명하고 고급스러운 여성스러운 느낌을 준다.

❶ **휴케라 '라임 릭키'** *Heuchera* 'Lime Rickey'
❷ **설구화** *Viburnum plicatum*
❸ **흑맥문동** *Ophiopogon planiscapus* 'Nigrescens'
❹ **황금잎복분자** *Rubus cockburnianus* 'Aurea'

**일본조팝나무 '골드 마운드'**
*Spiraea japonica* 'Gold Mound'

**일본조팝나무의 돋보임**

황금이라는 럭셔리하면서 화려한 수식어가 돋보이는 조팝나무를 군락으로 하층 식재하면 조경 가치가 돋보인다. 최근 인기 있는 일본조팝나무*Spiraea japonica* 'Gold Mound'는 여름철에는 밝은 형광빛을 띠고 봄부터 늦가을까지 진분홍 붉은 꽃과 황금 잎이 화려하며 고급스럽다. 원예종 분화 및 정원, 가로변, 공원 등의 맨 앞줄에 포인트 군락으로 식재하면 윤택 있는 황금색 잎과 진분홍꽃이 화려하고 아름다워 관상 가치가 탁월하다.

파라솔버베나
*Verbena* × *hybrida* cv.Tapian

세덤 '퍼플 엠페리어'
*Sedum telephium* × 'Purple Emperor'

**노란줄무늬사사**
*Pleioblastus viridistriatus*

**자엽안개나무 '로열 퍼플'**
*Cotinus coggygria* 'Royal Purple'

**칸나 '오스트레일리아'**
*Canna* 'Australia'

**오리엔탈양귀비꽃 '패티 플럼'**
*Papaver orientale* 'Patty's Plum'

**루피너스**
*Lupinus polyphyllus*

노란줄무늬사사의 원산지는 뉴질랜드이며 습기를 좋아하고 번식력이 강하다. 억세고 뻣뻣하며 다 자란 잎은 끝이 갈라지고 잎 앞면은 진녹색에 잎가에는 황색 또는 유백색의 세로줄 무늬가 있다. 루피너스(*Lupinus polyphyllus*)의 강렬한 빨간색이 노란줄무늬사사를 만나 더욱 자극적인 인상을 준다.

## 노란줄무늬사사의 매력

정원에 심기면 한자리 톡톡히 차지하는 식물 중 하나가 바로 사사다. 부드럽고 잔잔한 모양새가 약해 보이지만 번식력이 매우 좋아 자리 잡기 시작하면 더 번지지 않도록 날카롭게 감시해야 하는 식물이다. 하지만 사사는 그에 대응하는 매력을 뽐내준다. 잎이 뾰족뾰족 방향도 없이 여기저기 내밀고 있는 모습이 거칠어 보여도 다 같이 모인 잎들은 풍성한 부드러움을 선사한다. 밝고 환한 노란색이 풍기는 분위기는 노란줄무늬사사*Pleioblastus viridistriatus*의 장점이다. 밝고 경쾌한 노란색이 강렬한 붉은색을 만나면 확실하게 주목 받을 수 있는 원색으로 정원에서 더욱 빛을 발한다.

자작나무
*Betula platyphylla* var. *japonica*

알케밀라 몰리스
*Alchemilla mollis*

## 인위적인 선과의 어울림

도시에 있는 정원은 선이 많다. 이유가 왜일까? 바쁘고 정확하게 사는 도시인들의 모습이 반영된 것일까? 자연스러운 곡선도 좋지만 때로는 인위적이고 빳빳한 직선이 좋을 때도 있다. 선이 가지고 있는 장점 중 하나는 깨끗하고 정확하고 세련된 느낌을 준다는 점이다. 그래서 식재 패턴 또한 반복적이고 정형적인 스타일을 사용한다. 이러한 도시의 선들이 밝고 경쾌한 노란색 식물들을 만나면 훨씬 더 부드러워짐을 느낄 수 있다. 그리고 거기에 깔끔한 하얀색 수피를 가진 자작나무의 반복된 식재는 정형적이면서도 잎이 주는 반짝임과 푸른색이 자칫 딱딱할 수 있는 선들을 중화해준다. 자작나무는 도시에서 많이 사용하는 수목이기도 하다.

일본조팝나무 '매직 카펫'
*Spiraea japonica* 'Magic Carpet'

양국수나무 '몬로'
*Physocarpus opulifolius* 'Monlo'

# 15

# LEAF COMBINATION

## 조연과 주연을 오가는 잎의 매력과 어울림

정원의 주인공은 단연 꽃이다. 화려함의 절정, 꽃들의 하모니는 보는 이들의 시선을 단박에 빼앗는다. 하지만 꽃은 그 화려함만큼이나 감상할 수 있는 시기가 짧다. 강렬하게 불타오르고, 그만큼 빨리 식어버린다. 그에 반해 꽃을 더욱 돋보이게 해주는 잎은 조연을 마다하지 않으며 오랜 시간 우리의 정원을 풍성하게 해준다. 그뿐 아니다. 그저 묵묵히 버티고 있는 것처럼 보이지만, 때론 잎이 조연에 그치지 않고 압도적인 볼륨과 컬러로 정원이라는 무대에서 비중을 높이며 주연급으로 나타나기도 한다. 꽃과는 다른 고유한 매력으로 정원을 즐기는 이들을 유혹하는 것이다.

퍼플 세이지가 뒤편에 보이는 네페타와 보라색 축을 이루며 오리엔탈 파피, 부드러운 연핑크 장미와 함께 정원의 분위기를 한층 낭만적으로 연출하고 있다. 꽃만으로는 이런 분위기를 연출하기 쉽지 않다.

❶
**황금주목 '셈퍼아우레아'**
*Taxus baccata* 'Semperaurea'
잎이 조밀하고 맹아력이 좋아서 주로 토피어리나 울타리용으로 많이 쓰인다. 밝고 화려한 황금빛 컬러가 돋보이는 품종으로, 위로 크지 않고 옆으로 넓게 자라는 특성이 있다. 휴면에 들어가기 전, 가을에 전정을 해주면 봄에 흐트러지지 않고 선명한 새싹을 보여준다. 배수가 잘 되는 토양에서 건강하게 잘 자란다.

❷
**홍가시나무**
*Photinia glabra* (Thunb.) Maxim
참나무과의 가시나무 잎과 비슷하지만 실제로 홍가시나무는 장미과에 속하는 식물로 가시나무와는 다른 종류다. 우리나라에는 14종 정도가 있는데 중부 이남의 따뜻한 지역에서 자란다. 봄에 새순이 나올 때 붉은색의 윤기 있는 아름다운 잎이 관상 포인트다. 이 잎은 자라면서 서서히 녹색으로 변하는데 전정을 하면 1년에 2~3회 새싹을 볼 수도 있다.

❸
**향나무 '블루 스타'**
*Juniperus squamata* 'Blue Star'
측백나무과의 상록 침엽 관목인 향나무 '블루스타'는 천천히 성장하며 공 모양으로 낮게 퍼지는 타입이다. 어둡지 않은 은청색을 사계절 감상할 수 있는 특별한 종으로, 종자보다 주로 여름철 새순을 삽목하면 증식이 잘 된다. 배수가 양호한 양지를 선호해서 주로 암석원이나 드라이가든에 많이 식재된다.

상록수의 잎이 주는 색감은 꽃이 주는 색감과는 분명히 다르다. 일 년 내내 같은 색을 지속하기 때문에 지루하지 않은 연출이 더욱 중요하다. 좌우 대칭의 단순한 반복 패턴이지만 같은 듯 다른, 자극적이지 않고 은은하지만 분명한 컬러로 편안하게 연출된 정원이다. 대부분의 관상용 상록 식물은 봄에 자라난 새싹일수록 색감이 보다 선명하다. 여름으로 갈수록 초록으로 물들어 색감이 줄어드는 경향이 있으므로 컬러와 함께 고유의 형태와 질감의 조화도 중요하게 고려해야 한다.

작은 점들이 이어져 선을 이루고 그 선들이 모여 어떤 형체를 만들어, 고유한 질감과 색채를 가진 정원이 완성된다. 여기저기에 자리한 하나하나의 점 같은 식물들이 단연 아름다운 정원의 주인공이라 할 수 있다. 식물에서 화려함의 절정은 꽃이지만 지속적인 형태와 컬러를 보여주는 것은 잎이다.

❶
**공작단풍나무 '가넷'**
*Acer palmatum* var. *dissectum* 'Garnet'
한국, 중국, 일본이 자생지여서 우리나라 정원에서 많이 이용되는 능수형 낙엽 관목으로, 봄과 가을에 강한 붉은색을 감상할 수 있다. 잎이 비교적 길고 7~11갈래로 깊게 갈라지는 특징이 있어 공작단풍이라는 이름이 붙었고, 'Garnet' 품종은 봄과 가을에 석류빛 보석 같은 아름다운 색감이 관상 포인트다.

❷
**황금단풍나무**
*Acer palmatum* 'Aureum'
단풍나무로는 중간 정도 크기인 4m 정도까지 자라는 낙엽 관목으로, 봄에 형광빛 노란색이 관상 포인트다. 여름이 깊어 갈수록 색이 짙어지다가 가을이 되면 더욱 화려한 노란색, 오렌지색, 빨간색 단풍이 들어 매력적인 나무다.

❸
**라우소니아나편백 '스타더스트'**
*Chamaecyparis lawsoniana* 'Stardust'
원추형으로 똑바로 자라는 형태와 가늘고 부드러운 질감, 밝고 싱그러운 연노랑 컬러가 매력적인 상록 침엽수로 주로 정원의 포인트를 잡아주는 구심점 역할을 한다. 양지 바르고 약간 산성인 토양을 좋아한다.

❶
**무늬이삭여뀌**
*Persicaria virginiana* 'Painter's Palette'
우리나라 각처의 산지에서 자라는 마디풀과의 다년생 초본인 이삭여뀌와 같으나 잎에 밝은 흰무늬가 있어서 무늬이삭여뀌로 불리고 있다. 생육 환경은 반그늘에 습기가 많은 축축하면서도 배수가 잘 되는 토양을 선호한다. 비교적 작은 붉은색의 꽃을 벼 이삭처럼 길게 늘어뜨리며 피우고, 가을에는 열매를 맺는다. 밝고 시원한 그늘 공간을 연출하기에 더없이 좋은 식물이다.

❷
**휴케라 '펠리스 퍼블'**
*Heuchera sanguinea* 'Palace Purple'
손바닥 모양의 다채로운 잎의 컬러가 매혹적인 휴케라는 우리나라에서는 대부분 겨울에 잎의 상태가 좋지 않지만, 지역에 따라서는 사계절 색을 유지하는 반상록성 다년생 그늘 식물이다. 여름에는 작고 가는 꽃을 피운다. 건조하거나 물 빠짐이 좋지 않은 토양을 싫어하고, 비옥하며 배수가 잘 되는 토양을 좋아한다.

❸
**옥잠화 '블루 제이'**
*Hosta* 'Blue Jay'
옥잠화 품종 중에서 중간 정도의 볼륨을 갖고 있으며, 신비로운 푸른빛의 잎이 관상 포인트다. 특히 5월 말과 6월에는 강렬한 푸른색을 띤다. 노란색 계열의 무늬종보다 강한 빛에 노출되는 것을 싫어하고 습기를 머금은 축축한 토양을 좋아하지만, 배수가 잘 되어야 한다. 특히 고온다습한 장마철에 특별히 신경을 써야 건강한 잎을 감상할 수 있다.

❹
**풍지초 '올 골드'**
*Hakonechloa macra* 'All Gold'
화려한 잎의 컬러가 아름다운 장식용 그라스다. 대부분의 그라스류는 빛을 좋아하지만 이 식물은 그늘을 더 선호한다. 잎 전체가 황금빛으로, 다른 품종에 비해서 더디게 자라는 특성이 있고, 최상의 색감 발현을 위해서는 아침에 해가 들고 한낮의 강한 빛을 가릴 수 있는 곳에 심어야 한다. 바람에 흔들리는 역동적인 흐름 때문에 풍지초라는 이름이 어울린다.

밝은 곳이 있으면 어두운 곳도 존재하듯 정원에서도 밝고 화려함으로 조명을 받는 곳이 있으면 커다란 나무 아래처럼 그늘진 곳이 생기기 마련이다. 그러나 정원의 어느 공간도 결코 소외되어서는 안 된다.
잎이 화려하고 컬러가 있는 대부분의 관엽 식물은 그러한 공간에 최적화된 종들이 많아 소홀해지기 쉬운 어두운 공간에서 더 진가를 발휘한다. 제 색깔을 내며 톡톡 튀지 않고 조화롭게 연출될 수 있다.

잎은 정원의 높은 차폐식 울타리 아래나 후미진 구석 공간에 조명을 비추듯 밝은 색감을, 또 주변과 차별되는 질감과 형태로 개성 넘치는 비주얼을 표현하기도 한다. 잎은 꽃의 빈자리를 해결함으로써 지속가능한 디테일을 완성해준다.

❶
**일본매자나무 '로즈 글로'**
*Berberis thunbergii* f. *atropurpurea* 'Rose Glow'
매자나무 '로즈 글로' 품종은 어린 새순이 나올 때 밝고 연한 핑크 무늬가 기존의 어두운 자주색 잎과 대비되어 신비로운 그라데이션 효과를 연출한다. 환경 적응력이 뛰어나 정원의 포인트나 울타리 어느 곳이든 확실한 분위기를 보여준다.

❷
**일본매자나무 '마리아'**
*Berberis thunbergii* 'Maria'
일반적으로 일본의 매자나무라고 불리는 *Berberis thunbergii*는 타원형 잎의 상록 또는 낙엽 관목으로 스웨덴의 식물학자 칼 페테르 툰베리(Carl Peter Thundberg)가 일본에서 발견한 데서 유래되었다. 마리아 품종은 봄과 여름에는 밝은 황금빛 노란색, 가을에는 탁월한 오렌지빛 단풍이 대단히 매력적이다. 가시가 있어서 관리에 주의가 필요하지만, 비교할 수 없는 밝은 분위기를 연출해 주어 정원의 울타리나 밝은 포인트로 이용된다.

❸
**일본매자나무 '오렌지 로켓'**
*Berberis thunbergii* 'Orange Rocket'
아주 선명한 붉은색에 가까운 오렌지색 잎의 선명한 컬러가 꽃보다 아름다운 품종으로 수형이 수직으로 뻗는 것이 특징이다. 일조량이 많을수록 색이 더 선명해져 꽃보다 더 조밀하고 지속성 있는 악센트를 보여준다.

❹
**뉴질랜드돈나무 '실버 퀸'**
*Pittosporum tenuifolium* 'Silver Queen'
잎 가장자리의 밝은 흰색 라인이 관상 포인트인 상록성 관목으로, 잘라주면 잎이 조밀하게 잘 나와 정원의 울타리나 라인을 표현하기에 좋다. 다 자라면 높이 4m, 폭은 2m 정도 된다. 우리나라에서는 흔하게 볼 수 없는 소재이지만 영하 10°C 정도까지는 생육이 가능해 따뜻한 지역에서 활용이 가능하고, 양지나 반음지, 배수가 잘 되는 축축한 토양을 선호한다.

**무늬층층나무**

*Cornus controversa* 'Variegata'

하얀 무늬가 있는 잎이 층층으로 펼쳐진 모양과 꽃이 웨딩 케이크를 닮았다 하여 영명이 '웨딩 케이크 트리'다. 천천히 자라는 습성으로 인해 그리 크지 않은 정원에 포인트로 활용하면 좋은 소재다. 토양 적응력이 좋지만, 가장 좋아하는 환경은 약간 비옥하고 습한 토양이며, 그늘에서도 잘 생육하지만 더 선명한 무늬를 위해서는 비교적 많은 햇빛이 필요하다.

❷

**흑맥문동**

*Ophiopogon planiscapus* 'Nigrescens'

검은 자주색 잎의 흑맥문동은 식물이 표현하는 컬러 중에서 가장 특이하고 신비로운 색을 지니고 있으며, 조밀한 질감이 포인트다. 이러한 독특한 색감으로 인해 아주 특별한 연출이 가능하지만 평범하지 않은 색감 때문에 아무 곳에나 이용되지 못하는 한계도 있다. 분홍색, 옅은 보라색 또는 흰색에 가까운 색으로 피지만 주목받지는 못한다. 반그늘의 축축한 환경을 좋아하며 따뜻한 중부 이남 지역에서 상록으로 월동 가능하다.

❸

**유럽딱총나무 '모던 골든 글로우'**

*Sambucus racemosa* 'Morden Golden Glow'

단풍잎처럼 갈라진 황금빛의 미세한 질감을 갖고 있는 잎이 감상 포인트다. 초여름에 레이스와 같은 흰색 꽃을 피우고, 열매도 매력적이다. 흔히 엘더베리라고 알려진 열매와 같은 타입의 열매를 맺는다. 그늘에서도 잘 살지만 확실한 색감을 위해서는 햇빛이 필요하다.

❹

**옥잠화 '카린'**

*Hosta* 'Karin'

옥잠화는 그늘진 환경에 최적화된 정원 소재로 많이 식재되고 있다. '카린'은 심장 모양의 시원한 잎의 가장자리에 불규칙적인 흰색 무늬가 관상 포인트인 품종이다. 대부분의 옥잠화처럼 '카린'도 부분적인 그늘에 잘 적응하지만, 좋은 컬러를 위해서는 적어도 아침에 해가 잘 드는 곳이 좋다. 비옥하면서도 배수는 잘 되는 습기 있는 환경이 건강한 잎을 감상하기에 최적의 장소다.

좀회양목을 가운데 두고 구름처럼 드리워진 자엽휴케라와 자엽승마의 온통 보라와 자주색 컬러가 네페타의 보라색을 만나 밝아지는 듯 그라데이션 효과가 연출되고 있다. 앞쪽에 강렬한 레드윙스 뱀무의 빨간 꽃은 진한 에너지를 주는 듯하다. 정원 식물의 잎과 꽃의 콤비네이션은 단순히 물감으로 색을 그리는 것으로 표현하기에는 너무나 섬세하면서도 특별한 연출을 보여 준다.

❶
**네페타**
*Nepeta racemosa*
고양이들이 좋아하는 향기를 가지고 있어서 영어로는 Catmint라고 불리는 허브 식물로 취급되는 다년생 초본식물이다. 라벤더블루의 시원한 꽃이 늦은 봄부터 초가을까지 길게 핀다. 여름 장마철을 잘 견딜 수 있도록 배수가 잘 되는 토양과 양지나 반그늘 조건을 맞춰주면 좋은 생육을 보인다. 비교적 병해충에도 강해서 우리 정원에 많이 이용하면 좋을 소재다.

❷
**자엽개승마 '아트로푸르푸레아'**
*Cimicifuga racemosa* 'Atropurpurea'
거의 검은색에 가까운 암적색 잎의 컬러가 매력적인 다년생 식물이다. 초가을 흰색에 가까운 옅은 분홍색 꽃이 잎의 컬러와 대비되어 반전을 준다. 키도 커 최대 1.2~2.4m까지 자라서 정원의 포인트 식재로 좋다. 고온다습한 우리나라 여름철 날씨에 적응하기에 어려움이 있지만, 배수가 잘 되는 반그늘에서는 건강한 잎을 오랫동안 감상할 수 있다.

❸
**휴케라 '팰리스 퍼플'**
*Heuchera sanguinea* 'Palace Purple'
손바닥 모양의 다채로운 잎의 컬러가 매혹적인 휴케라는 우리나라에서는 겨울에 잎의 상태가 좋지 않지만, 지역에 따라서는 사철 색을 유지하는 반상록성의 다년생 그늘 식물이다. 여름에 작고 가는 꽃을 피우고, 건조하거나 물 빠짐이 나쁜 토양을 싫어한다. 촉촉하고 비옥하며 배수가 잘 되는 토양을 좋아하는 습성을 가지고 있다.

❹
**뱀무 '레드 윙스'**
*Geum coccineum* 'Red Wings'
아시아 서부나 유럽 남부에서 자생하고, 노란색 꽃이 피는 우리 뱀무와 유사종이다. 여름에 낮게 깔린 잎에서 50cm 정도 올라온 선명한 빨간 겹꽃이 주변 식물들과 좋은 하모니를 이룬다. 배수가 잘 되는 반음지에 적당한 간격으로 심고, 3~4년에 한번씩 나누어 심기를 해주면 더욱 건강하게 자란다.

꽃 속에 나비가 파묻혀 있듯이 펼쳐진 잎들 사이에 파묻힌 꽃들은 더 주목을 받는다. 한편 잎은 확실한 색감에 묻힌 채 자연스럽게 농도를 맞추어 각자의 역할을 다하면서 같은 듯 다른 정원의 다양성을 보여준다.

❺
**헬리크리섬 페티올라레**
*Helichrysum petiolare*
남아프리카 원산지인 여러해살이 지피 식물로, 주로 정원의 가장자리나 수목을 타고 올라가면서 펼쳐지는 은빛 하트 모양의 잎이 아름답다. 충분히 자라면 키가 약 60cm, 폭이 1.5m 이상 둥그런 형태를 이룬다. 잎이 늘어지며 펼쳐지는 특성은 행잉 화분 장식용으로도 그만이다. 우리나라에서는 월동이 어려우나 플랜트 박스나 화단에서 부드러운 분위기를 연출하기에 좋다. 다습한 환경을 싫어하고 배수가 잘 되는 햇빛 아래서 가장 좋은 모습을 보여준다.

❻
**황금오레가노**
*Origanum vulgare* 'Aureuma'
황금빛 잎이 아름다운 관상용 오레가노의 대표적인 품종으로, 일반적인 오레가노처럼 잎에서 향기가 나 요리에도 사용하는 일석이조의 허브 식물이다. 보기 좋은 형태를 유지하기 위해서는 6월쯤에 전정해 주면 좋고, 해를 좋아하며 건조에 강하다. 습기에는 약한 전형적인 지중해성 허브 식물의 특성을 지니며, 30cm 높이로 자란다. 따뜻하고 습한 지역에서는 겨울철까지 계속 잎을 유지하며, 여름에는 분홍색의 작은 꽃이 앙증맞다.

❼
**발로타**
*Ballota* 'Pseudodictamnus'
발로타는 그리스가 원산지며, 30~40cm 정도 낮게 펼쳐진 은회색 잎이 매력적인 상록 관목으로 여름에는 하얀색 꽃이 잎과 어울려 달린다. 강한 햇빛과 배수가 잘되는 토양을 좋아하고 잎에 털이 많아 이슬방울을 효율적으로 흡수해 건조에 강하다. 그래서 드라이가든에 적합한 식물이지만 우리나라에서는 월동이 힘들어 계절적인 소재로 활용하면 좋다.

❽
**얇은잎 돈나무 '톰 썸'**
*Pittosporum* 'Tom Thumb'
윤기 있는 자줏빛 잎과 회양목처럼 키가 크지 않고 조밀하게 채워지는 수형이 특징인 상록성 관목이다. 뉴질랜드가 고향이어서 건조에 강하지만 추위에는 약해 영하 10℃까지만 견뎌 지역적인 활용에 한계가 있다. 꽃은 어두운 붉은 자주색으로 밤에만 특유의 향을 풍긴다.

# 16

# PATTERN COMBINATION

## 패턴으로 조합하는 비슷한 느낌, 다른 구성

살다 보면 어디서 많이 본 듯한 사람을 만나기도 하고, 어디선가 경험했던 것 같은 익숙한 장면을 마주하기도 한다. 인간은 누구나 처음 접하는 낯선 것에 대해 막연한 두려움을 갖는다. 하지만 익숙한 것들에 대해서는 일반적으로 편안해하고 왠지 모를 정겨움을 느낀다. 고향에 대한 향수는 마음 속 깊이 담겨있는 낯익은 풍경을 주관적인 심성으로 그리워하기 때문에 생기는 감정이다. 편안하고 정겹고 익숙한 것에 대한 본능은 정원에서도 마찬가지로 재현된다. 어느 한 장면을 의도했든 안 했든, 닮은 듯 다른 식물의 구성을 가지고 어디선가 만나본 듯한 장면을 연출하는 방식은 편안한 느낌으로 다가가, 새롭게 만나는 정원도 친숙하게 느끼게 한다.

❶ **일본매자나무 '로즈 글로'** *Berberis thunbergii* 'Rose Glow'
❷ **우단동자꽃** *Lychnis coronaria*
❸ **황금오레가노** *Origanum vulgare* 'Aureum'

❹ **범꼬리류** *Polygonum bistorta*
❺ **펜스테몬 '다크 타워스'** *Penstemon* 'Dark Towers'
❻ **알케밀라 몰리스** *Alchemilla mollis*

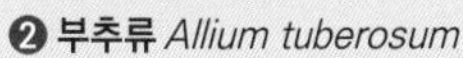
❶ 자엽개승마 '블랙 네그리지' *Cimicifuga simplex* 'Black Negligee'
❷ 부추류 *Allium tuberosum*

❸ 곰취 '미드나잇 레이디' *Ligularia dentata* 'Midnight Lady'
❹ 장미 *Rosa* spp.
❺ 자엽고구마 *Ipomoea batatas* 'Blackie'
❻ 국화 *Chrysanthemum hybrids*

"
관점의 차이, 즉 같은 것을 보고 들어도
그것을 어떻게 해석하고 받아들이느냐에 따라서
사람들은 다른 생각과 다른 느낌을 갖게 된다.
요즘처럼 다양한 가치들이 충돌하고
서로의 목소리들을 높이는 시대에는 더욱 그렇다.
누구나 같은 장면을 보지만 다른 느낌과
평가를 할 수 있다는 점에서 시각적인 정보는
주관적인 개념이다.
경관은 모두 다양한 특징이 있고 자세히 분석해보면
경관마다 전하는 분명한 메시지가 있다.
"

**바탕으로 제격인 블랙**

보이지 않는 정원사들의 노력으로 정원이 아름답게 가꾸어지듯, 어두운 블랙 바탕의 식재 톤은 다른 꽃들을 더욱 화려하고 돋보이게 연출해 준다. 예쁜 꽃으로 화려한 정원을 만들 수는 있지만 세월의 흔적을 느낄 수 없고, 오래된 고목은 세월의 흔적을 느끼게 하지만 화려한 정원을 만들 수 없듯, 정원을 구성하는 모든 식물들은 각자 자기의 역할이 있다. 여기에 부가적으로 잎이 가진 아름다움이 더해짐으로써 정원은 한 폭의 그림이 된다.

**맑고 청아한 화이트와 블루**

언뜻 봐서는 흰색과 파란색의 조화처럼 보이지만 자세히 들여다보면 그 조화를 이끌어내는 꽃들의 형태는 그렇지 않다. 하늘 높은 줄 모르고 위로 솟아 고고한 자태를 뽐내는 델피니움, 그 밑에서 몽글몽글 어우러져 함께 핀 서양톱풀, 그리고 델피니움을 샘이라도 내듯 피침형으로 자라는 흰꼬리풀까지…. 따로 떼어놓고 보면 개성 강한 식물들을 이렇게 한데 어울려 배치해 놓으면 맑고 청아한 광경이 나타난다. 이처럼 정원을 구성하는 식물 하나하나를 관찰하고, 또 이들을 다시 모아 보는 것도 정원을 감상하는 또 다른 재미다.

## 보라와 핑크의 오묘한 조화

자극적이면서 쾌활한 분위기를 연출하는 진한 핑크색의 작약과 우단동자꽃이 주는 강렬함을 연한 보라빛 네페타와 갈레가의 바탕으로 부드럽게 깔아주면 마치 영화에서 돋보여야 하는 주연을 조연이 절묘하게 받쳐주듯 조화로운 느낌이 든다. 여기에 델피니움의 진한 청보라가 신비함과 오묘함을 더해줌으로써 비슷한 형태와 질감을 가진 꽃들과 함께 자연스러운 풍경을 보여준다.

**델피니움** *Delphinium grandiflorum* L.

**갈레가 '히스 마제스트'** *Galega* 'His Majesty'

**오리엔탈파피** *Papaver orientale*

**작약** *Paeonia lactiflora* Pall.

**네페타** *Nepeta racemosa*

**우단동자꽃** *Lychnis coronaria*

### 은청색과 황금색의 조화

정원은 단지 화려한 꽃만 감상하는 곳이 아니다. 꽃이 아니어도 잎이 가진 색감만으로도 충분히 아름다운 정원을 연출할 수 있다. 때로는 꽃에서 발견할 수 없는 아름다움을 잎이 주인공인 정원에서 맛볼 수 있다. 잎이 가진 매력에 빠지게 되면 조금 더 오랜 시간 정원에 머물고 있는 당신의 모습을 발견하게 될 것이다.

은청색과 황금색은 꽃에서 쉽게 찾아볼 수 없는 색이다. 그래서 이 색이 가진 아름다움을 정원에서 즐길 수 있는 요소는 몇 가지 없다. 차분하고 신비한 느낌의 은청색, 생기있고 발랄한 황금색의 어우러짐은 공간을 보다 여유롭고 편안하게 만들어 준다.

옥잠화 '블루 제이'
*Hosta* 'Blue Jay'

풍지초 '올 골드'
*Hakonechloa macra* 'All Gold'

휴케라 '미드나잇 로즈'
*Heuchera* 'Midnight Rose'

달개비 '스윗 케이트'
*Tradescantia* 'Sweet Kate'

갯그령 '블루 듄'
*Leymus arenarius* 'Blue Dune'

## 싱그럽고 상큼한 라임 스프레드

정원에서 라임색은 단번에 시선을 사로잡는다. 색깔에서 오는 강렬함만으로 정원을 찾는 이들의 주목을 끄는 색은 여러 가지 있다. 그러나 그 색만 단일하게 사용되었을 때에도 지루하지 않고 질리지 않는 색은 그리 많지 않다. 그 색 중의 하나가 바로 라임색이다. 라임색의 싱그러움은 보는 사람들로 하여금 절로 어깨를 들썩이게 만든다. 그것이 잎인지, 꽃인지는 중요하지 않다. 중요한 것은 그 색을 보고 우리 모두가 반응하고 느낀다는 것이다.

알케밀라 몰리스
*Alchemilla mollis*

서양톱풀 '테라코타'
Achillea *millefolium* 'Terracotta'

뱀무 '파이어볼'
*Geum* 'Fireball'

# 17

# NATURALISTIC PLANTING COMBINATION

## 생태적인 정원의 어울림

언제나 최고의 자연 보호는 인간의 무간섭이 정답일 것이다. 하지만 이 세상 어디에도 인간의 발자국이 닿지 않은 곳이 남아있지 않은 현실에서 우리가 손대며 생태라고 이름 붙인 표현들이 얼마나 의미 있고 가치 있는 실현이 될 것인지? 어쩌면 우리가 훼손하고 망가뜨린 책임에 대한 최소한의 노력의 공간이라는 표현이 적절할지도 모르겠다. 우리가 상상하고 복원하고픈 공간이 생태 정원이든 자연주의 정원이든, 되돌려주어야 할 그곳은 회복의 공간이 되어야 할 것이다.

## 자연이 만들어가는 수많은 관계

자연과 정원의 경계는 과연 무엇일까? 일반적으로 정원을 만들면서 고민하는 것 중의 하나는 '무엇을 최우선적으로 고려할 것인가, 어떤 것을 표현하고 무엇을 보여줄 것인가'일 것이다. 토비 헤멘웨이의 『가이아의 정원』에서 "자연에는 기준이란 없으며 자연 자체가 바로 기준이 된다. 아주 작은 정원일지라도 찢어진 거미줄처럼 너덜거리기는 하지만 엄연히 살아있는 생태계다. 인간이 토대만 마련해 주었을 뿐 나머지는 자연이 알아서 수많은 관계를 만들어 그 많은 빈틈을 알아서 메꾸어준다"라는 시각에 절대적으로 공감한다. 우리는 그저 심을 뿐 나머지는 시간과 자연이 알아서 키우고 지속적으로 유지해주며 생태계를 완성해 나간다. 정원은 단순히 보여주기 위한 초보적인 치장의 공간이 아니다. 여러 삶들이 어우러지고 지속되는 삶의 터전이 되는 공간이다. 누구를 흉내 낼 필요도 없고 어느 한 부분을 과장하여 강조할 까닭도 없다. 물 흐르듯 편안하고 자연스러운, 살아있음의 아름다운 진가를 느낄 수 있는 공간이 최고의 정원이 아닐까?

**실바티쿰이질풀** *Geranium sylvaticum*
숲 속 큰 나무 아래에 자연스럽게 펼쳐지는 야생화 느낌의 실바티쿰이질풀은 늦은 봄에서 초여름까지 크지도 아주 작지도 않은 깜직한 꽃들을 피운다. 양지와 반음지에서 좋은 생육을 보여주고, 장미나 꽃을 피우는 관목 아래에 심으면 더욱 진가를 발휘한다.

**아스트란티아 '알바'** *Astrantia major 'Alba'*
아스트란티아(Astrantia)는 별(Star)을 뜻하는 Aster에서 유래된 이름으로, 흰색 꽃을 의미하는 '알바' 품종은 늦봄부터 초여름까지 꽃을 피우며 환경이 좋으면 여름에도 간혹 꽃을 볼 수 있다. 배수가 잘 되는 양지의 축축한 토양 조건을 좋아한다. 무덥고 습한 여름만 잘 견디게 해주면 언제나 이 식물의 매력을 감상할 수 있다.

**둥근이질풀 '존슨스 블루'**
*Geranium* 'Johnson's Blue'
가장 인기 있는 크고 선명한 청보라색 제라늄이다. 한번 자리 잡으면 볼륨을 계속 키워 영향력을 행사하고 벌과 나비 등 여러 손님들을 유인하는 매력적인 식물이기도 하다. 반그늘에서 신비롭고 시원한 포인트가 되어주는 최고의 식물 소재다.

**팔루스트리스대극**
*Euphorbia palustris* L.
6~7월의 초여름 녹색 줄기 끝에 형광빛 노란 꽃이 핀다. 약간 축축한 땅의 양지나 반음지에서 건강하게 자라며, 시든 꽃을 미리 잘라주면 오래도록 꽃을 감상할 수 있다.

**아스트란티아 '루비 웨딩'**
*Astrantia major* 'Ruby Wedding'
아스트란티아(Astrantia)는 별(Star)을 뜻하는 Aster에서 유래된 이름으로, 꽃 모양이 별을 닮았다. '루비 웨딩' 품종은 진한 자주색 꽃을 봄부터 가을까지 피울 만큼 개화기가 길다. 유럽이 원산지여서 무덥고 습한 여름철을 견디기 어렵지만 추위에는 강하다.

**피나타도깨비부채 '디 쇠네'**
*Rodgersia pinnata* 'Die Schöne'
잎이 시원하게 펼쳐지고 꽃도 아름다운 도깨비부채는 정원에 임팩트 있는 표현을 할 때 적합한 식물 소재다. 우리나라를 비롯 동아시아가 원산지여서 생육 또한 좋다. 슈베르트의 아름다운 물방앗간이란 이름에서 유래된 '디 쇠네' 품종은 축축한 반그늘을 좋아한다.

## 생존을 위한 본능적인 아름다움

꽃은 아름다움의 대명사다. 우리는 꽃을 컬러, 형태, 볼륨 등 시각적인 부분에 초점을 맞추어 아름다움을 논하지만, 정작 꽃이 부르고 있는 대상은 우리가 아니다. 식물들이 혼신의 힘을 다해 마지막 열정을 불사르며 아름다움의 결정체인 꽃을 피워내는 까닭은 살아남기 위해서다. 꽃의 화려함은 생존을 위한 본능인 것이다. 그런데 식물의 세계는 서로 경합하며 경쟁하는 모습조차도 눈이 부시다. 다른 생명들의 잔인하고 처절한 그것과는 차원이 다르다. 혼자 있어도 충분히 아름답지만 서로 다른 개성들이 모이면 그 아름다움은 형용하기 어려울 정도로 꽉 차오른다. 어쩌면 이렇게 다르면서도 아름다운 하모니를 이룰 수 있을까? 작위적으로 그림을 그리듯 나름의 법칙을 가지고 깔끔하게 정리된 전시용 화단에서는 느낄 수 없는 그 무엇이 생태정원에는 담겨 있다. 잘 진열된 마트보다 시장 바닥에서 삶을 체험하듯, 여러 다양성들이 부대끼며 씨를 맺고 또 지속적으로 그 아름다움을 전수하고픈 욕망이 꿈틀대는 곳, 그 리얼한 생동감과 깊이감을 다큐멘터리 감상하듯 즐길 수 있는 곳이 바로 생태정원이다.

### 어딘지 모르게 비슷한 식물들의 조화로움

살다 보면 관심사가 같고 공감과 소통이 가능한 사람들과 어울리게 된다. 그렇게 끼리끼리 뭉치는 관계 형성은 나이가 들수록 더 늘어난다. 식물도 비슷하다. 생육지를 스스로 선택하거나 이동하기 자유롭지 않은 특성상 더욱 확연하게 끼리끼리 생존하는 특성을 보인다. 일례로, 도깨비부채나 여뀌, 꿩의다리 등은 물기를 좋아하는 습성상 서로 자주 접하기 때문인지 어딘가 모르게 닮아 있다. 하늘로 시원하게 치솟은 꽃의 형태도 그렇지만, 분홍색, 노란색, 흰색 등 분명히 다른 컬러의 꽃을 피우지만 색의 농도가 옅어 흰색으로 가까워지는 파스텔 톤 때문인지 부드러운 통일감이 느껴진다.

**포리모르파여뀌**
*Persicaria polymorpha*
최근 생태정원이 각광을 받으면서 많이 이용되는 볼륨이 큰 초본식물이다. 관목처럼 세력이 크고 잘 자라는 특성이 있어 한여름 동안 지속되는 하얀 꽃이 정원에서 시원하고 화사한 배경이 되어준다. 동아시아가 원산지여서 우리나라 여뀌처럼 축축한 환경을 선호한다.

**피나타도깨비부채 '디 쇠네'**
*Rodgersia pinnata* 'Die Schöne'
도깨비부채는 우리나라를 비롯해 동아시아가 원산지여서 생육 또한 좋다. 슈베르트의 아름다운 물방앗간이란 이름에서 유래된 '디 쇠네'는 축축한 환경의 반그늘을 좋아한다. 개화 초기 살구빛 꽃이 점차 흰색으로 변하면서 한여름을 장식한다.

**플라붐꿩의다리**
*Thalictrum flavum* ssp. *glaucum*
우리나라 꿩의다리와는 비슷한 듯 전혀 다른 컬러와 습성을 가지고 있는 여름 소재 식물이다. 변종명인 '글라우쿰'은 라틴어로 은청색을 의미하는데 잎과 줄기의 독특한 은청색 컬러 때문에 붙여졌다. 솜털 같은 연노랑 꽃을 여름에 볼 수 있으며, 스페인과 북아프리카가 원산이므로 너무 덥거나 습한 환경을 싫어한다.

# 18

# CONTAINER GARDEN COMBINATION

## 간편한 화분으로 연출하는 정원

정원을 만든다는 것은 결코 쉬운 작업이 아니다. 먼저 전체적인 구상을 하고 정원 설계라는 형상화 작업을 거쳐 선정된 대상지에 생각과 현실의 차이를 좁혀가며 부지런히 적절한 타이밍을 놓치지 않고 조성해야 한다. 더구나 정원 조성은 끝이 아니라 새로운 시작이다. 나무와 꽃을 심고 수년의 시간이 흘러야 비로소 식물들이 제자리를 잡게 되어 깊은 정취를 느낄 수 있다. 정원다운 정원을 만드는 일은 결코 하루아침에 끝낼 수 없는, 기다림을 즐길 줄 알아야 하는 작업이라 할 수 있다. 하지만 우리의 현실은 그리 녹록하지 않다. 더구나 요즘처럼 바쁜 하루를 살아야 하는 현대인들에게는 먼 나라 이야기로 들릴 수 있다. 때로는 정원도 인스턴트로 간편하게 조성할 수 있고 누구나 즐길 수 있어야 하지 않을까.

꽃이 귀한 시기에 평범했던 녹색 정원의 한켠에
다양한 화분들을 배치하여 화려한 연출을 가능하게 했다.
각 식물들의 볼륨과 색감을 잘 활용하여 조화를 이룬
영국 그레이트 딕스터(Great Dixter) 정원의 모습이다.

언제 어디서든 장소에 구애 받지 않고 비교적 손쉽게 화분 식물을 이용하여 꾸밀 수 있는 화분 장식 정원은 전통적인 의미의 정원과는 거리가 있지만, 분명한 매력이 있다. 또, 늘 지나치던 평범한 정원에 꽃이 만발한 식물로 장식된 화분만 추가해도 주목을 끄는 활력소가 될 수 있다. 흙이 없는 도시의 자투리 공간도 화분 몇 개로 활력이 넘치는 화사한 공간으로 탈바꿈시킬 수 있다. 아파트 베란다, 거리의 어느 모퉁이, 삭막한 도로변, 그곳이 어떤 곳이든 화분 속 식물의 생명력은 그 주변을 환하게 밝혀줄 것이다.

제라늄 '프랭크 헤들리'
*Pelargonium × hortorum* 'Frank Headley'

헬리오트로프
*Heliotropium arborescens*

### 쉽게 설치할 수 있고 이동도 가능한 화분 장식 정원

화분 장식 정원은 가장 빠르게 성장하는 정원 분야 중 하나라 할 수 있다. 세계의 유명 관광지뿐만 아니라 거리, 광장, 공원 그리고 개인주택에 이르기까지 다양한 유형의 공간에서 새로운 연출과 활용이 시도되고 있다. 화분 장식 정원의 장점은 다음과 같이 정리해 볼 수 있다.

· 어느 장소에서든지 시공과 설치가 비교적 쉽고 이동성이 좋다.
· 작은 공간에서도 창조적인 표현과 다양한 연출을 할 수 있다.
· 초보자뿐만 아니라 전문 정원사들에게도 좋은 전시 소재다.
· 숙련도에 따라 단계별로 다양한 효과를 시도해볼 수 있다.
· 식물의 선정과 교체가 쉬어 언제든 다이내믹한 변화를 꾀할 수 있다.

하지만 주의해야 할 단점을 꼽는다면 한정된 공간 안에서 식물이 성장해야하기 때문에 물주기와 영양 관리 등 세심한 관리가 필요하다.

① **상록패랭이꽃** *Dianthus gratianopolitanus*
② **황금후크시아** *Fuchsia magellanica* var. *gracilis* 'Aurea'

**자엽칸나**
*Canna* 'Australia'

**콜레우스**
*Solenostemon scutellarioides* 'Kong Series'

**노란잎고구마**
*Ipomoea batatas* 'Margarita'

**파라솔버베나**
*Verbena hybrida*

**피나타라벤더**
*Lavandula pinnata*

**쿠션부쉬**
*Leucophyta brownii*

**자엽수크령**(*Pennisetum × advena* 'Rubrum')은 관상용 그라스로 아프리카가 원산이어서
국내에서는 일년초처럼 써야 하는 한계가 있지만,
길고 가늘며 부드러운 자줏빛 잎과 꽃대는 신비로움을 자아내, 화분 정원에 단골 소재로 많이 이용된다.
특히 늘어지는 은빛 다이콘드라와 함께 연출하면 독특한 분위기를 낼 수 있다.

## 하나와 모두의 하모니

평범하지 않은 암적색 색감의 연출로 아주 특별하고 신비로운 느낌을 주는 화분 장식은 하나의 독립된 개체 속에서도 각 식물의 색상과 질감을 잘 고려하여 식재해야 한다. 특히 배치를 계획할 때 전체적인 조화를 먼저 고려하여 디자인하는 것이 중요한 포인트라 할 수 있다.

**자엽고구마**(*Ipomoea batatas* 'Midnight Lace')는 남미 열대지방이 고향으로,
진한 컬러와 잘게 갈라진 잎이 왕성하게 퍼지며 늘어지는 특성이 있어
초화 화단이나 화분에 이용하면 제 역할을 톡톡히 해주는 좋은 소재다.
주황색 난타나의 컬러를 잘 받쳐주고 빈티지한 느낌의 녹슨 색감을 잘 표현해주어,
초록색 잔디 배경과도 조화롭게 어울린다.

칸나 '오스트레일리아'(*Canna* 'Australia')는 뉴질랜드가 원산으로
시원하게 뻗은 잎의 암적색 컬러가 무거우면서도 특별한 분위기를 만들어주고,
제라늄의 빨강을 더욱 강렬하게 강조해 지울 수 없는 확실한 인상을 준다.

**풍지초 '올 골드'**(*Hakonechloa macra* 'All Gold')의 매우 밝은 형광빛 연두색은 공원의 어두운 길모퉁이를 환하게 밝히고 빨간 단풍잎과 이웃할 때, 색감이 더욱 화사하고 발랄하게 어우러져 보인다.

**제라늄 '채리티'**(*Pelargonium* 'Charity')의 밝고 선명함을 더욱 돋보이게 하는 베고니아와의 컬러 대비, 그리고 물 흐르는 듯한 식물 소재의 통일감이 디자인에 연속성을 부여해 안정감 있는 확장성을 보여준다. 또 로벨리아와 밀리온벨의 신비로운 느낌이 드는 청보라 컬러가 화분 장식 정원에 방점을 찍고 있다.

화분 장식 정원을 디자인할 때는 통일성 있는 패턴과 연속성 있는 색감과 질감을 살리는 것이 중요하다. 때론 복잡하지 않은 일정한 통일감이 거부감을 줄여주고 편안함을 선사한다.
단조로운 색감의 연속성이 싫증나지 않으면서 우아해 보이려면 물 흐르듯이 자연스럽게 메인 컬러를 통일시키고 분홍색이나 보라색을 간간히 섞어가며 포인트 식재를 잘 활용해야 한다. 그래야 생동감 있는 연출이 가능하다. 밝고 선명한 색상은 함께 어울려 있을 때 더욱 아름다움이 배가되고, 깔맞춤으로도 표현되는 통일감은 언제나 무리 없이 잘 어울린다.

쓰레기통 위에 장식된 화분 정원의 배경을 장식해주고 있는 **황금안개나무**(*Cotinus coggygria* 'Golden Spirit')와 풍지초처럼 밝은 컬러와 채도 높은 색상의 식물은 어둡고 무거운 회색 도시에 지친 사람들에게 기분 좋은 활력을 전해준다.

❶ **콜레우스 '와사비'** *Solenostemon scutellarioides* 'Wasabi'
❷ **꽃담배** *Nicotiana* × *hybrida*
❸ **페튜니아** *Petunia* × *hybrida*
❹ **로벨리아** *Lobelia erinus*
❺ **황금리시마키아** *Lysimachia nummularia*
❻ **분홍목마가렛** *Chrysanthemum frutescens*
❼ **아이비제라늄 '로열 나이트'** *Pelargonium peltatum* 'Royal Night'

## 화분 소재와의 어울림

각기 개성 있는 식물들을 선별하는 것도 쉽지 않은 일이지만, 화분 용기 또한 그 모양과 크기, 소재가 무척 다양해서 디자이너의 구상에 맞는 최상의 연출을 보여주기 위해서는 최고의 조합을 찾는 것이 주된 관건이다. 또 식물은 컬러와 소재의 특성에 따라 분위기가 바뀌기 때문에 화분 장식을 위해 고려해야 할 몇 가지 디자인 팁을 정리해보면 다음과 같다.

· 전체적으로 평평한 배치는 피하고, 가급적 볼륨 있는 키가 큰 식물로 중심을 잡고 아래로 늘어지는 식물로 밸런스를 맞추어 넘치듯 식재한다.
· 너무 큰 식물에게 잠식당할 수 있는 작은 식물은 같은 공간에 심지 않는다.
· 서로 다른 크기의 화분들을 어울리게 그룹으로 배치하여 어느 방향에서든 조화와 균형을 이루게 한다.
· 식물의 크기에 맞추어 적절한 화분 사이즈를 선정한다.
· 식물의 다양한 색감과 질감을 활용하여 획일적이지 않은 시도들을 해본다.

위쪽의 걸이화분에는 밝고 화려한 유사색을, 아래쪽에는 어두운 톤을 선택해,
뚜렷한 대비 효과를 보여주고 있다.

화분 장식 정원에서 중요한 것은 첫째는 컬러, 둘째는 형태, 셋째는 조화다. 꽃 색상을 결합하는 것은 전적으로 개인의 취향과 선택이지만 참고해야 할 디자인 원칙은 있다. 각 컬러마다 느낌이 다르고 색이 전체를 좌우하기에 색상환표를 참고하는 것이 좋다. 색감은 배색 감각으로 결정된다. 색상환에서 인접한 컬러는 유사한 색의 반대편에 있는 보색을 사용하는 것이 좋은데 느낌과 효과는 전혀 다르다.

❶ **제라늄** *Pelargonium × hortorum*
❷ **페튜니아** *Petunia × hybrida*
❸ **밀리온벨** *Calibrachoa × hybrida*
❹ **코르딜리네** *Cordyline australis* 'Torbay Dazzler'
❺ **휴케라 '팰러스 퍼플'** *Heuchera micrantha* 'Palace Purple'
❻ **자엽고구마** *Ipomoea batatas* 'Midnight Lace'
❼ **무늬송악** *Hedera algeriensis* 'Gloire de Marengo'
❽ **금계국 '문빔'** *Coreopsis verticillata* 'Moonbeam'

## 도시 정원의 액세서리, 화분 정원

사람이 머무는 공간으로서 도시의 환경은 언제 어떻게 바뀔지 모르는 불확실성과 불특정 다수의 다중 이용시설들이 즐비하다. 따라서 어떤 곳이든 쉽게 설치가 가능하고 이동성이 좋은 컨테이너를 이용한 다양한 화분 정원이 도시 곳곳에 아름다움과 활력을 주는 액세서리 역할을 해준다.

만남과 기다림의 짧은 순간에도
작은 화분 정원들은 눈과 마음에 쉼을 줄 수 있다.

주변의 벽과 바닥 컬러와 유사한 화분을 선정하는 것이 무난하며,
같은 식물 같은 색감도 바탕색에 따라 느낌이 전혀 달라진다.

흰색 건물의 외벽에 선홍색 제라늄 컬러가 강렬한 자극을 주고,
진보라색 로벨리아가 제라늄 컬러를 더 선명하게 받쳐준다.

**소외된 공간을 살리는 화분 정원**

건물이나 길모퉁이 으슥한 공간, 소외되기 쉬운 공간에 놓인 작은 화분 정원은 주변을 한층 밝고 화사한 분위기로 연출해주어 지나는 이의 마음과 바라보는 모든 이에게 화려한 긍정의 에너지를 공급해 줄 수 있다.

❶ **스토크** *Matthiola incana* 'Hot Cakes'
❷ **프리뮬라** *Primula juliandn*
❸ **청화국** *Felicia amelloides*
❹ **알리섬** *Alyssum clear* 'Crystal Mix'

① 버베나 *Verbena hybrida* 'Aztec Purple Mazic'
② 노란잎고구마 *Ipomoea batatas* 'Margarita'
③ 로벨리아 *Lobelia erinus*
④ 사피니아 *Surfinia petunias*
⑤ 후쿠시아 *Fuchsia hybrida*
⑥ 구근베고니아 *Begonia tuberhybrida*
⑦ 임파챈스 *Impatiens walleriana*
⑧ 스트로빌란데스 *Strobilanthes dyerianus*
⑨ 밀리온벨 *Petunia hybrida*

**입체적인 도시 정원을 연출해주는 행잉 바스켓**

사람의 편의에 의해 조성된 도시는 주로 수직과 수평면으로 구성되어 있다. 이러한 도시 공간의 효율적인 활용을 위해 한계점에 도달한 가로 방향의 확대보다는 수직 공간에 대한 관심이 점차 높아지고 있다. 도시 곳곳에 널려 있는 복잡하고 어지러운 공중 공간을 행잉 바스켓을 이용해 화려하고 품격 있는 공중 정원으로 장식하면 입체적인 도시 정원의 연출이 가능하다.

**진입 공간의 볼륨감 있는 화분 정원**

평범해지기 쉬운 출입문 주변이나 울타리에도 간편한 이동식 화분을 이용해 다양한 컬러와 질감의 식물들을 조합하면 화려하고 개성 있는 정원의 연출이 가능하다. 이러한 정원은 한두 개의 화분이 있을 때보다 훨씬 더 고려해야 할 사항이 많지만 다양성과 통일성의 조화를 통해 화모니를 꾀하면 볼륨감 있는 정원을 연출할 수 있다.

# GARDEN PLANT COMBINATIONS

PART

4

# COMBINATIONS BY

# SITE

# 19

# KNOT GARDEN COMBINATION

## 정원에 수를 놓다, 장식정원

정원은 식물의 생육 환경 그리고 형태를 인간이 인위적으로 조성하는 자연 공간이다. 따라서 정원 디자이너의 의도와 이용자의 목적에 따라 다양한 종류의 정원이 구성된다. 매듭정원Knot Garden 또는 자수화단으로도 불리는 장식정원은 가장 인위적인 형태의 정원이라 할 수 있다. 중세 유럽에서 처음 만들어졌을 때는 잔디를 주로 이용한 단순한 패턴의 정원이었는데, 시간이 지남에 따라 향기가 나는 식물과 키친 가든Kitchen Garden에 식재되는 채소와 허브를 이용해 매듭과 리본 모양을 비롯하여 화려하고 다양한 문양과 장식을 형상화해 기교를 부리게 되었다. 최근에 들어서는 바로크 시대와 같은 대규모 장식정원은 더 이상 조성되지 못하고 있지만, 친환경적 광고나 기업의 홍보 매체로 조성되어 상징적인 문양이나 문자를 형상화한 장식정원이 생명력 넘치는 랜드마크나 포토존 역할을 하고 있다.

캐나다 민터 가든의 장식정원(사진 김경호)

장식정원의 디자인 유형은 중세와 르네상스 시대에 많이 쓰인 여러 바로크식 문양들을 식물을 이용하여 장식하는 형태가 주를 이루었다. 주로 먹거리로 사용되는 채소와 허브 종류를 심었고, 한눈에 내려다 볼 수 있는 낮은 키의 식물을 다양한 컬러를 조합하여 구성하였는데, 매듭이나 리본 모양 같은 형태가 많았다.

중세시대의 장식정원은 원래 왕족이나 성주 같은 귀족들이 높은 건물의 창문을 통해서 내려다보았을 때 바라보이는 풍경을 위해 디자인되었다. 그들은 광활한 대지에 수를 놓은 듯한 정원을 크고 화려하게 조성하여, 자신들이 가진 권력과 부를 경쟁적으로 과시하고자 했다. 테두리에는 회양목이나 주목 같은 관목으로 바로크 스타일의 문양을 만들었고, 안쪽에는 다년생 식물과 일년생 식물로 화려하게 정원을 장식하였다.

각종 기하학적 문양으로 조성된
프랑스 빌랑드리 성의 자수화단

잔디로 조성된
프랑스 베르사유 궁전의 장식정원

식용 채소로 조성된 프랑스 빌랑드리 성의 키친가든

### 장식정원의 식물, 회양목

회양목은 잎이 조밀하고 맹아력이 좋아 전지하는 대로 모양을 만들 수 있고, 키가 작아 전체적인 선의 골격을 만들어주기 때문에 장식정원에서 없어서는 안될 중요한 식물이다. 회양목*Buxus microphylla* var. *koreana*의 영어이름 박스우드Boxwood는 '작은 상자'라는 뜻의 그리스어 'puxus'에서 유래된 라틴어 'buxus'에서 왔다. 회양목의 목재는 물에 뜨지 않을 정도로 치밀하고 쉽게 뒤틀리지 않아 상자를 만드는 데 이상적인 목재로 사용되어 Box라고 불리운 듯하다.

**회양목은**

Korean box tree란 영명에서 알 수 있듯이 우리나라가 원산지인 몇 안 되는 식물이다. 생육 조건도 까다롭지 않아 어떠한 토양에서도 잘 견디며, 햇볕이 잘 드는 곳이든 그늘진 곳이든 가리지 않고 잘 자라며, 일조량이 많은 곳에서 잎이 치밀하다. 회양목 울타리는 정원의 골격이나 윤곽을 잡아주고, 보호막처럼 울타리 안 식물들의 가치를 높여준다. 너무 왕성한 생장을 하면 봄에 전정하고 여름 끝 무렵에 다시 전정한다. 온화한 기후에서는 초가을에 전정을 하는 것이 좋다. 전정을 늦게 하면 연하게 자라 서리의 피해를 받을 수 있고 피해를 입으면 겨울에 외관이 나빠진다. 생장이 느린 품종들은 여름철에만 잘라 주어야 한다. 우리나라에서 회양목 관리에 가장 큰 피해를 주는 회양목명나방은 년 2회(5~6월 및 8~9월) 발생하며 새잎, 연약한 잎을 먼저 섭식한 후 성숙한 잎에 피해를 주어 관상 가치를 떨어뜨리고 생육을 방해하므로 적기에 방제하는 것이 중요하다.

자수화단은 회양목 같은 관목의 경계 박스 없이 색이 아름다운 초화만으로도 장식할 수 있다. 녹색의 잔디 위에 펼쳐진 다양한 색상의 초화들은, 관목류를 사용하지 않아도 그 자체만으로 선과 틀의 윤곽을 나타낸다. 관목으로 보여줄 수 없는 자유로움과 광활한 스케일 그리고 화려하면서도 깔끔한 효과를 주어 초록의 옷감에 아름다운 수를 놓은 듯 자수화단의 묘미를 표현할 수 있다.

오스트리아 비엔나의 자수화단 장식

영국 큐 가든의 튤립과 팬지로 연출된 자수화단

## 글자 장식정원

식물로 글자를 표현하는 것은 정말 까다롭고 정교한 작업이다. 대부분의 식재 베드가 평면이 아닌 경사지에 조성되어 서있기조차 힘들고, 고된 작업 과정은 인내심을 필요로 한다. 바탕 식재는 글자가 잘 인지되도록 선명한 대비를 이루어야 하기 때문에 오랫동안 건강한 색을 유지하며 잎이 가늘고 조밀할수록 섬세한 연출이 가능하다. 때문에 산토리나*Santolina*와 알터난데라*Alternanthera* 같은 소재의 식물이 많이 이용된다.

❶ 그린산토리나
*Santolina rosmarinifolia* subsp. *rosmarinifolia*

❷ 알터난데라 '레드 트레드'
*Alternanthera ficoidea* 'Red Threads'

❸ 산토리나
*Santolina chamaecyparissus*

### 장식정원의 식물, 알터난데라와 산토리나

우리나라의 정원에서는 아직 보기 드문 식물이지만 '알터난데라'는 잎의 색이 화려하고 다양하며 사이즈도 작고 조밀하여 장식정원에서 악센트를 주기에 가장 적합한 소재로 이용되고 있다. 국내에서는 일부 품종이 수초로 인기가 많을 정도로 촉촉한 물기를 좋아하면서도 배수가 잘되는 토양을 좋아한다. '산토리나' 역시 조밀한 잎의 질감, 은색과 밝은 녹색의 산뜻한 색감을 갖고 있어 복잡한 화단의 패턴과 테두리를 표현하기에 유용하여, 유럽을 비롯한 여러 나라의 자수화단에 애용되고 있다.

**❶ 그린산토리나**
*Santolina rosmarinifolia* subsp. *rosmarinifolia*

**❷ 산토리나**
*Santolina chamaecyparissus*

**❸ 알터난데라 '샤르트뢰즈'**
*Alternanthera ficoidea* 'Chartreuse'

**❹ 알터난데라 '레드 트레드'**
*Alternanthera ficoidea* 'Red Threads'

메리골드, 베고니아, 라벤더를 이용한 장식화단.
화려한 색상과 문양으로 단조롭고 평범한 공간을 꽃물결이 일렁이는
생동감 넘치는 공간으로 변화시켰다.

우리는 자연 경관을 바라볼 때 본능적으로 내가 알고 있는 익숙한 모습에 맞추려고 하는 경향이 있다. 심리학에서는 바깥세상의 무질서를 눈으로 보고 머리로 생각해서 입력되어 있는 질서정연한 시각적 구도로 짜 맞춰서 사물들을 재구성하려는 습관이 있다고 한다. 눈을 거쳐 들어온 정보를 머리와 마음으로 보며 이것을 단순히 보고 느낄 뿐 아니라 자신의 틀에 부합되도록 믿어버리는 경향이 있다는 것이다. 장식화단은 이러한 작용을 구체적인 모습으로 상상력을 발휘하여 형상화시키는 작업이다. 과거의 장식화단은 직선과 곡선으로 구성된 반듯한 형태에 색으로 포인트를 주었다면, 현대의 장식화단은 익살스럽고 재미있는 아이디어가 통통 튄다. 가두어진 형태나 스타일 없이 정원 디자이너의 의도에 따라 색을 배치하고, 기존에 쓰지 않던 비정형화된 식재 패턴을 구성하기도 하고, 구조물을 과감하게 사용하기도 한다. 때문에 보는 이로 하여금 저마다의 상상을 불러일으켜 신선하고 독특한 충격을 전해주기도 한다.

2013년 나이아가라 꽃시계 디자인

### 화려하게 변신하고 있는 장식정원

중세 유럽 초창기에 단순한 패턴이 주를 이루던 장식정원이 최근에는 다양한 문양과 장식을 형상화한 화려한 정원으로 변신하고 있다. 생동감 넘치는 다육식물을 이용한 장식정원, 꽃시계를 활용한 장식정원, 전시장의 작품을 연상케 하는 묘지정원 등을 소개한다.

### 세밀한 표현이 가능한 '다육식물' 장식정원

장식정원을 꾸밀 때는 어떤 소재의 식물을 선택하느냐에 따라 다양한 분위기를 연출할 수 있다. 꽃이 없어도 다양한 질감의 컬러와 물을 저장하기 위해 꽉 차있는 조밀한 잎을 가지고 있는 다육식물은 깔끔하고 선명하게 원하는 형태를 그려낼 수 있는 최상의 소재다. 크기가 작은 다육식물은 원하는 라인을 잡기도 쉬워 디테일한 표현에도 사용하기 적합하다.

딱딱한 아스팔트 도로 뒤편으로 솟아난 식물의 생명력을 표현한 이 장식화단은 은은하면서도 조밀한 질감의 에케베리아 엘레강스(*Echeveria elegans*)란 다육식물 바탕에 라임색과 자주색의 알터난데라(*Alternanthera ficoidea* 'Chartreuse')로 자유로운 움직임의 선을 표현했고, 꽃베고니아가 이 장식화단의 포인트인 꽃을 표현하고 있다.

❶ **에케베리아 '골든 글로우'**
*Echeveria* 'Golden Glow'

❷ **꽃베고니아**
*Begonia semperflorens*

❸ **알터난데라 '샤르트뢰즈'**
*Alternanthera ficoidea* 'Chartreuse'

다육식물을 이용하여 나비 모양 장식화단을 꾸민
캐나다 밴쿠버의 스탠리 파크(사진 김경호)

다육식물을 이용한 생동감 있는 장식정원

정원을 만들 때 볼륨이 큰 식물로 꽉 채우는 것보다 작은 식물들로 구성하면 작은 공간이라도 더 다양한 표현이 가능해진다. 비슷한 톤의 컬러와 질감을 가진 식물들로 한 땀 한 땀 바느질로 대지 위에 수를 놓은 듯한 이런 표현은 다육식물이 아니면 그 어떤 식물로도 해낼 수 없을 것이다. 배수가 잘 되고 햇빛이 충분한 곳이라면 경사면에서 더욱 진가를 발휘해 줄 것이다. 전체적인 모습은 평면적인 장식정원이지만 찬찬히 보고 있으면 나란히 줄지어 움직이기라도 할 것 같은 생동감을 전해준다.

작은 다육식물 유묘로 장식한 일본 하마마츠 플라워 파크의 선인장 온실.
모자이크 작품 하나를 전시해 놓은 것 같다. 작은 개체들이 하나하나 물감이 되어 저마다 가진 색을 뽐내며 아름다운 그림을 그려, 마치 페르시아 양탄자 같은 아름다움을 맘껏 뽐내고 있다.

### 일상에 놓는 수, 꽃시계

캐나다의 세계적 관광지인 나이아가라 폭포에서 북쪽으로 2.5km 정도 떨어져 있는 나이아가라 파크 식물원에는 또 하나의 명소가 된 꽃시계가 있다. 1950년 처음 만들어진 이 꽃시계는 전 세계에서 가장 큰 꽃시계로 알려져 있는데 그 너비가 12.2m나 된다. 일 년에 두 번 식재 디자인을 바꾸고 있고, 주로 알터난데라*Alternanthera ficoidea*와 산토리나*Santolina rosmarinifolia*의 조합으로 디자인된 나이아가라 파크의 알파벳으로 시간을 알려 준다. 이밖에도 여러 나라와 도시에서 꽃시계를 볼 수 있는데, 많은 관광객이 찾아와 사진을 찍는 랜드마크 역할을 수행하고 있다.

2005년 나이아가라 꽃시계 디자인

꽃베고니아(*Begonia semperflorens*)로 장식된 일본 하마마츠 플라워파크의 꽃시계

## 그리움을 승화한 묘지정원

인간이면 누구나 가야만 하는 영원한 안식처인 묘지는 한국에서는 쓰레기매립지나 원자력발전소처럼 아직까지 혐오시설로 인식되어 모두가 꺼리는 장소다. 하지만 묘지는 누군가의 소중한 사람이 잠들어 있는 공간이며 산 자와 죽은 자를 연결시켜주는 의미 있는 공간이다. 따라서 묘지를 정원화한다는 것은 떠나간 사람에 대한 그리움과 남아있는 사람의 정성을 작은 정원으로 승화시켜서 먼저 간 사람에게는 추모의 정원, 산 자에게는 추억의 정원으로 남아, 모두에게 의미 깊은 장소로 만들 수 있다.
독일정원박람회 사진을 보면 길을 따라 보이는 각각의 묘지정원이 마치 전시장에 전시된 작품처럼 보인다. 우리의 묘지와는 다르게 이미 서구에서는 묘지정원이 활성화되어 있으며 여러 정원박람회에서 콘테스트를 할 정도다. 여러 가지 의미와 사연이 담긴 묘지정원들은 그들이 슬픔을 표현하는 방식으로 저마다 개성이 있으며 또한 아름답다.

한 평 남짓 되는 작은 공간을 정원으로 만드는 우리에겐 낯선 묘지정원이지만, 개성적인 묘비를 조각 작품 삼아 자주 찾아와 관리하기가 쉽지 않기에 관목 몇 그루에 비교적 관리가 용이하고 잘 사는 키 작은 소재로 사철 생명력을 보여주는 지피식물들을 이용해서 섬세하게 장식한다.

### 같은 소재 다른 느낌의 묘지정원

이를 보고 어느 누가 묘지라고 생각할 수 있을까. 외국의 경우 묘지와 주거공간을 별개로 보는 것이 아니라, 일상 가까이에 자리 잡은 하나의 아름다운 정원으로 보며, 오히려 개인의 특별한 의미를 부여할 수 있기 때문에, 주민 누구 하나 거부감 없이 삶의 공간으로 받아들이고 있다. 나아가 삶과 죽음의 경계를 허무는 역할을 해주기도 한다. 국내에선 볼 수 없는 모습이기에 아쉬움이 크다.

밝고 활력을 상징하는 팬지의 라인과 차분하고 신비로운 조개나물의 라인이 눈에 들어온다. 그 뒤에 세워진 밝고 어두운 각진 묘비는 둥글게 다듬은 나무 형태와 대립각을 세우며, 파란만장했던 고인의 삶을 보여주는 듯하다.

비올라로 포인트를 준 묘지정원.
부드러운 선의 비올라로 포인트를 주었다. 식재 패턴의 모양새를 보자니 이곳에 잠든 사람이 꽃이 되어 누워있는 것만 같다.
언제나 아름다운 꽃으로 이곳을 가꾸는 마음은 어떤 마음일까?

비슷한 듯 다른 모양의 두 정원은 동일한 면적의 공간에서 각기 다른 정원을 연출하려 한 정원 디자이너의 고심이 느껴진다.
이 작은 정원의 중심이 될 수 있는 비석의 형태부터 배경을 채워주는 관목의 형태까지 죽은 이의 살아생전 모습을 나타내고자 했던 것은 아닌가 싶다.

# 20

# STREET GARDEN COMBINATION

## 도시를 아름답게 수놓은 거리화단

우리가 살고 있는 도시는 인간의 필요와 욕구에 의해 만들어졌다. 문자적으로는 사회행정적 의미를 가진 '도都'와 시장경제적인 의미를 가진 '시市'가 합쳐진 구조로, 여기에 자연생태나 식물환경적 가치의 정원이 들어갈 틈은 무척이나 제한적이다. '회색도시'라는 말이 생겨났듯이, 어느새 삭막함의 대명사가 되어버린 도시에 어떻게 오색빛 싱그러움과 녹색의 활력을 불어 넣을 수 있을까? 경제분석기관 이코노미스트 인텔리전스 유닛EIU이 발표한 '2015년 전 세계 살기 좋은 도시' 보고서를 보면 상위 10개 도시 가운데 7개가 호주와 캐나다의 도시들이며, 모두 정원과 녹지가 잘 조성되어 있다는 공통점을 가지고 있다.

평범하고 지루한 선들로 구성된 흔한 보도블록 길에 조금만 생각을 바꾸면 싱그러운 생명으로 채울 수 있다.

❶ **만데빌라** *Mandevilla × amabilis*
❷ **수염패랭이꽃 '그린 볼'** *Dianthus barbatus* 'Green Ball'
❸ **거베라** *Gerbera jamesonii*

흙이 없는 회색 공간의 가든 콤비네이션

1. 흰색의 플랜트박스를 더 환하게 밝혀주는 형광색의 노란잎고구마(*Ipomoea batatas*)와 제라늄의 은은한 연핑크빛 조화
2. 도시의 주요 베이스인 아스팔트와 회색의 콘크리트에 전혀 생각하지 못한 화려함의 대비를 보여주는 제라늄, 메리골드, 로벨리아의 화려한 조화
3. 무심코 지나쳐버리기 쉬운 거리의 한 모퉁이에 스탠드형으로 잘 자란 코리우스(*Coleus* 'Sunny Sienna')와 베고니아의 조합
4. 뒷배경 건물의 붉은 벽돌과 컬러 코드를 코리우스로 맞추고 베고니아 '드래곤 윙'(*Begonia × hybrida* 'Dragon Wing')과 로벨리아(*Lobelia*), 다이아콘드라 '실버 폴'(*Dichondra argentea* 'Silver Falls')의 조화
5. 칸나(*Canna indica* 'Purpurea')의 잎과 의자의 컬러를 맞추고 제라늄과 로베리아 메리골드의 조화
6. 아이보리색의 장미를 더 우아하게 받쳐주는 부드러운 눈쑥(*Artemisia stelleriana*)의 어울림

도시의 수평공간인 거리의 바닥은 여러 가지 목적으로 인해 무척 복잡하다. 하지만 수직공간인 벽과 기둥은 비교적 여유가 있어 걸이 화분과 부착 화분을 이용하면 화려한 수직정원으로 화사한 변신이 가능하다. 건물의 재료나 컬러를 고려하여 적절한 소재로 연출한다면 마치 건물의 일부인 것처럼 자연스럽게 녹아들어 거리에 생명을 불어 넣을 수 있다.

❶ **꽃베고니아** *Begonia × semperflorens-cultorum*
❷ **백묘국** *Senecio cineraria*
❸ **로벨리아** *Lobelia erinus*

❶ **율마** *Cupressus macrocarpa* 'Goldcrest'
❷ **베고니아 '드래곤 윙'** *Begonia × hybrida* 'Dragon Wing'
❸ **로벨리아** *Lobelia erinus*
❹ **뉴기니아봉선화** *Impatiens hawkeri*

### 심미적 욕구를 충족시켜주는 도시 화단

인본주의 심리학의 대가 에이브러햄 매슬로는 인간의 욕구를 7단계로 나누어 설명하고 있다. 맨 먼저 생리적 욕구를 시작으로, 안전의 욕구, 애정 및 소속의 욕구, 자존의 욕구, 인지적 욕구의 다섯 가지 욕구가 충족되면 심미적 욕구와 자아실현의 욕구를 추구하게 된다. 여기서 7단계의 욕구 중 후반부에 나타나는 심미적 욕구는 자연과 예술에서 질서, 조화, 미적 감각을 추구하는 욕구다.
인간의 필요에 의해 형성된 도시 환경이 앞선 다섯 가지의 욕구를 채워주었다면, 아름답게 꾸며진 도시 화단은 인간의 심미적 욕구를 충족시켜준다. 어두운 바닥에도 화사한 생명을 불어 넣는 다양한 조각정원과 제한된 환경 속에서 아름다운 꽃을 피워내고 이를 보고 만족하는 인간의 본능은 매슬로가 제시한 어떠한 욕구보다도 더욱 세련되고 아름답다.

어두운 느낌의 바닥에 밝은 하얀색 프레임으로 포인트를 주고 부드러운 분홍색 꽃과 차분한 블루와 실버톤을 조합해, 우아하고 세련된 느낌을 전해준다. 또한 걸이 화분의 다채로운 하모니는 삭막한 도시 속에서 보는 이들의 지친 심신과 피로를 풀어주는 충전소 역할을 한다.

## 작지만 큰 도시 정원

메마른 사막에서 한줄기 빛이 되는 오아시스처럼, 각박하고 바쁜 현대 도시민들에게 잠깐의 활력과 휴식을 제공하는 도시의 정원은 브링 네이처Bring Nature가 될 수 있다. 경우에 따라서는 흙이 없는 도시 속에서 자연을 접하는 첫 통로가 될 수도 있다. 삭막한 콘크리트에 갇혀서 바쁜 일과를 보내다 마주하게 되는 도시의 정원들은 비록 규모가 작고 잘 꾸며지지 않았더라도 우리의 일상과 전혀 다른 느낌으로 다가와 도시민들에 활기찬 에너지를 불어 넣어주는 기폭제 역할을 하게 된다.

❶ **푸른김의털** *Festuca ovina glauca*
❷ **수크령** *Pennisetum alopecuroides*
❸ **로벨리아** *Lobelia erinus*
❹ **코르디리네 '루브라'** *Cordyline fruticosa* 'Rubra'
❺ **자주색수크령** *Pennisetum advena* 'Rubrum'
❻ **백묘국** *Senecio cineraria*

세상의 그 어떤 것이 이처럼 화려한 컬러를 흉내낼 수 있을까?
꽃은 아름다움의 대명사다. 자연 속에 존재하는 아름다움을 보다
가까이 느끼고 싶은 인간의 본능이 도시 정원에서 깨어난다.

**다이콘드라 '실버 폴'**
*Dichondra argentea* 'Silver Falls'

**로벨리아**
*Lobelia erinus*

**메리골드**
*Tagetes erecta*

**제라늄**
*Pelargonium × hortorum*

빨강, 노랑, 파랑색은 '3원색'이라 하여 색의 근본이 된다. 이 3원색을 여러 가지 비율로 섞으면 모든 색상을 만들 수 있는데, 반대로 다른 색상을 섞어서는 이 3원색을 만들 수 없다. 이러한 색의 기본에 충실한 화단은 우리의 색동저고리를 닮아 더욱 화려한 연출로 주목을 끈다.

조금 더 부드럽고 차분한 느낌을 전해주는 아이보리와 청보라의 조합은 세련되고 깔끔한 컬러로 신비로운 분위기를 연출해 준다.

**메리골드 '에스키모'**
*Tagetes erecta* 'Eskimo'

**파리나케아 세이지**
*Salvia farinacea*

어둡고 딱딱한 거리, 범죄의 온상이 될 수 있는 으슥한 길모퉁이지만 강렬하고 열정적인 에너지의 꿈틀거림을 연상케 하는 붉은색 거리 화단이 침체된 분위기에 변화를 주며 긍정적인 활력을 불어 넣어 준다.

❶ **자주색수크령** *Pennisetum advena* 'Rubrum'
❷ **꽃베고니아** *Begonia* x *semperflorens-cultorum*
❸ **알터난데라** *Alternanthera ficoidea* 'Red Threads'

❶ 페튜니아 '블루 웨이브' *Petunia* 'Blue Wave'
❷ 노란잎고구마 *Ipomoea batatas*
❸ 푸른김의털 *Festuca ovina glauca*
❹ 황금큰물사초 *Carex elata* 'Aurea'

## 자연을 향한 아름다운 소통

도시의 선은 대부분 선과 선이 이어진 직선으로 무척 단순하다. 이렇게 지루하기 쉬운 도로변과 수직 담벼락에 피어난 녹색의 작은 생명은 경이롭기까지 하다. 그렇다고 이질적이거나 어색하지도 않다. 건물이나 길모퉁이의 으슥한 공간이나 소외되기 쉬운 공간에 놓인 작은 플랜터는 주변을 한층 밝고 화사한 분위기로 바꿔준다. 이곳을 지나는 이의 마음과 바라보는 이의 마음에 즐겁고 긍정적인 에너지를 공급해 준다.

### 흙이 없는 회색 공간의 가든 콤비네이션

삭막하고 획일적인 도시에서 복잡하고 바쁜 업무에 쫓기며 살아가는 도시민들의 지쳐가는 몸과 마음에 잠깐의 여유와 휴식을 제공하는 '포터블 가든Portable Garden'은 단조로운 일상의 악센트 같은 공간이자, 현대 도시민들이 자연을 접하게 되는 첫 번째 통로가 된다.

### 브링 네이처, 자연을 가져오다

스탠드형으로 올린 란타나*Lantana camara*를 중심으로 은색의 산토리나*Santolina chamaecyparissus*, 노란색의 알터난데라*Alternanthera ficoidea* 'Gold Threads'가 수를 놓듯이 배경을 만들고 있다. 그리고 다시 산토리나*Santolina chamaecyparissus*로 수를 넣고 가장자리는 그린산토리나*Santolina virens*로 마무리하니 부드러운 색깔 톤의 조화가 하루 종일 햇빛을 받아 더욱 싱싱해 보인다.

**산토리나**
*Santolina chamaecyparissus*

**알터난데라**
*Alternanthera ficoidea* 'Gold Threads'

일본조팝나무(*Spiraea japonica* 'Glenory gold')로 밝은 포인트를 주고,
베툴루스소사나무(*Carpinus betulus*)로 수직 벽면을 장식했다.

❶ **베툴루스소사나무** *Carpinus betulus*
❷ **일본조팝나무** *Spiraea japonica* 'Glenory gold'
❸ **붉은칸나** *Canna × hybridus* 'Australia'
❹ **붉은수크령** *Pennisetum setaceum* var. *rubrum*

## 선으로 이루어진 정원

도시의 선은 대부분 선과 선으로 이어진 직선으로 단순하다. 지루하기 쉬운 도로변과 수직 담벼락에 녹색의 수를 놓듯 단순한 패턴의 반복처럼 보이는 바로크 스타일은 르네상스의 낭만을 떠올리게 한다.

회양목 라인에 꽃베고니아로 색을 넣고, 딱딱한 직선 프레임 구조에 자연스럽게 하늘거리는 역동적인 붉은수크령(*Pennisetum setaceum* var. *rubrum*)을 조합해 거리에 활력을 불어넣고 있다.

회양목, 홍매자나무(*Berberis thunbergii* f. *atropurpurea*), 일본조팝나무 '골드 마운드'의 조합은 맹아력이 좋은 관목들로 구성되어 지속적인 형태와 컬러를 연출해준다.

**회색의 선에 수를 놓다**

가로 정원은 깔끔함과 관리의 용이성 때문에 선과 선으로 구성되어 딱딱한 느낌을 주기 쉽다. 주어진 한계 공간에서 다양한 문양과 컬러, 질감을 이용한 페르시안 카펫 같은 퀼트 가든Quilt garden 스타일도 추천할만한 방식이다.

햇빛을 많이 받을 수 있고 척박하지만 배수가 잘되는 길가의 작은 정원에는
그런 환경을 좋아하는 허브식물로 장식하면, 아름다운 문양과 함께 허브향도 감상할 수 있다.

❶ **홍매자나무** *Berberis thunbergii* f. *atropurea*
❷ **일본조팝나무 '골드 마운드'** *Spiraea japonica* 'Gold Mound'
❸ **산토리나** *Santolina chamaecyparissus*
❹ **그린산토리나** *Santolina virens*
❺ **퍼플세이지** *Salvia officinalis* 'Purpurascens'
❻ **섬백리향** *Thymus vulgaris*

# 21

# INDOOR GARDEN COMBINATION

## 겨울철 진귀한 정원 풍경, 실내정원

아무래도 겨울에는 실내 활동이 많아지기 마련이다. 하지만 꽉 막혀있는 건물 실내 공간만 생각하면 마음이 답답해지는 이들이 적지 않다. 화사하고 쾌적한 실내정원을 조성한다면 겨울철에도 건강하고 생명력 넘치는 곳에서 일상을 즐길 수 있다.

노란색과 빨간색 꽃으로 생동감과 활력을 불어넣어 주는 눈에 확 띄는 배치로 어느 열대시방의 성원이라고 해노 손색이 없는 일본 하마마츠 플라워 파크의 실내정원

**따뜻하고 화사한 실내정원**

겨울이 길고 추운 대륙의 북반구에 속한 우리나라의 겨울 풍경은 많은 식물들이 살아남기 위해 잎을 모두 털어버리고 가지만 남은 앙상한 모습이 주 경관을 이룬다. 몇몇 침엽수 외에는 녹색의 생명력을 찾아보기 힘들고, 특히 녹지가 부족한 도시의 삭막한 경관은 우울함마저 들게 한다.
국토교통부의 도시계획 현황 통계를 보면 국내 총 인구의 92%가 국토 면적의 17%에 불과한 도시지역에 살고 있는 것으로 나타났다. 전체 인구 5,114만여 명 중 4,683만여 명(91.58%)이 도시지역에 거주하고 있고 전 국민의 주거형태 중에서 85.3%가 공동주택이며 순수한 아파트가 60%를 넘어서고 있는 현실이 우리의 주거 현황이다. 이렇다보니 겨울이면 더욱 심해지는 상대적 녹지 공간의 부족이 가속화된다.
겨울의 쌀쌀한 날씨 속에 모든 것이 움츠러들고 실내 활동이 많아지는 계절에 정원사는 화사하고 아름다운 식물로 다시금 이 땅에 생기를 불어 넣는 역할을 하게 된다. 화사하고 아름다운 실내정원은 공기도 정화시키고 식물의 가지나 잎은 실내 장식품이나 가구에서 발산되는 휘발성 물질이나 공중에 떠도는 각종 실내오염물질도 정화시킨다. 실내정원은 실내환경을 쾌적하게 변신시키는 가장 적절한 처방이라 할 수 있다.

❶ **드라세나 마르지나타** *Dracaena marginata*
❷ **디펜바키아** *Dieffenbachia* 'Tropic Marianne'
❸ **황금쥐똥비칼리** *Ligustrum × vicaryi*
❹ **임파첸스** *Impatiens × hawkeri hybrids*

펜타스 란세올라타 '그래피티 핑크'
*Pentas lanceolata* 'Graffiti Pink'

푸르크래아
*Furcraea foetida mediopicta*

코르딜리네
*Cordyline fruticosa*

공간에 생명력을 불어 넣고자 할 때, 녹색은 빠지면 안되는 필수 요소다. 잎사귀 빛깔이나 모양을 관상의 대상으로 하는 관엽식물foliage plant은 위 조건에 딱 들어맞는 소재다. 화려한 꽃들의 색깔로 어지러울 수 있는 화단을 관엽식물의 녹색 잎이 배경이 되어주면 안정감이 한결 나아진다. 근래에는 잎뿐만 아니라, 잎자루, 줄기 등 관상의 폭이 넓어지며 그 활용 범위도 확대되고 있다.

❶ **테이블야자** *Chamaedorea elegans*
❷ **플렉트란투스 '모나 라벤더'** *Plectranthus* 'Mona Lavender'
❸ **클레로덴드룸 톰소니에** *Clerodendrum thomsoniae*
❹ **칼라듐** *Caladium humboldtii*

온화하고 부드러운 느낌의 아이보리와 핑크의 조합이
포근함을 느끼게 해주는 일본 하마마츠 플라워 파크의 실내정원

## 실내공간의 입체적인 전시

실내공간은 대부분 벽과 천장으로 사각의 틀을 만들어 조성된 공간으로 식물을 심고 정원을 조성하기에 많은 제약과 한계가 따른다. 이를 극복하고 최대한 자연스럽게 정원을 연출하기 위해서는 시각의 변화가 필요하다. 실내정원은 용도가 다양한 바닥의 수평공간과 함께 벽과 공중을 활용한 입체적 공간, 즉 수직공간을 잘 활용해 식물을 배치해야 정원의 화려함이 자연스러워지고 안정된다. 또한 그로 인해 얻을 수 있는 시각적 만족감도 절로 커진다.

❶ **베고니아** *Begonia × tuberhybrida pendula*
❷ **스트렙토카르푸스 삭소룸** *Streptocarpus saxorum*
❸ **스트렙토카르푸스 '폴링 스타'** *Streptocarpus* 'Falling Stars'
❹ **무늬접란** *Chlorophytum comosum* 'Variegatum'
❺ **칼리브라코아 '밀리온 벨스'** *Calibrachoa* 'Million Bells'
❻ **수국** *Hydrangea hybrids*
❼ **고구마 '마가리타'** *Ipomoea batatas* 'Margarita'

행잉 타입의 베고니아와 함께 밀리온벨과 관엽황금고구마가
작심한듯 화려하게 수를 놓은 공중 공간 아래에
차분한 수국 품종들을 배치한 일본 카모꽃창포원의 실내정원

보이는 모든 공간을 화려하게 장식해,
자칫 산만해 보일 수 있는 어지러움을
기둥을 감싸안은 무늬긴병꽃풀의 녹색이
중심을 잡아주고 있는
일본 카모꽃창포원의 실내정원

**무늬긴병꽃풀**
*Glechoma hederacea* 'Variegata'

**스트렙토카르푸스**
*Streptocarpus hybrid*

수직공간의 활용법으로 가장 보편적으로 사용되는 것이 행잉바스켓Hanging Basket이다. 화려한 화단이지만 높은 천장 탓에 자칫 공허해질 수 있는 공간을 행잉바스켓을 이용하여 입체적이고 볼륨감 넘치는 실내정원으로 연출할 수 있다. 허공에 달랑달랑 매달려 향기를 흩뿌리며 형형색색의 자태를 뽐내는 행잉바스켓은 '와'라는 탄성과 함께 사람들의 마음을 매료시키기에 충분하다.

베고니아 '핑크 샴페인'
*Begonia* 'Pink Champagne'

스트렙토카르푸스 '할리퀸 퍼플'
*Streptocarpus* 'Harlequin Purple'

베고니아 '퀸 올림푸스'
*Begonia* 'Queen Olympus'

스트렙토카르푸스 '크리스티나'
*Streptocarpus* 'Christina'

스트렙토카르푸스 '베싼'
*Streptocarpus* 'Bethan'

## 실내정원용 식물 추천, 스트렙토카르푸스

스트렙토카르푸스*Streptocarpus hybrid*는 그리스어인 'streptos=twisted'(carpus=fruit), 즉 비틀어진 모양의 씨앗에서 이름이 유래되었다. 중앙 동부와 남부에서 아프리카를 포함, 마다가스카르가 원산지인 여러해살이풀로 155종이 분포하고 있으며 2,000여 종이 넘는 품종들이 알려져 있다. 계속 새로운 품종들을 만들어 정확하게 몇 종류나 되는지 알 수 없을 정도로 많이 이용되고 있는 실내식물이다. 다채롭고 화려한 모든 컬러를 갖고 있는 꽃은 걸이용 행잉바스켓이나 플랜트박스 어디에서도 잘 조화를 이룬다. 특히 베고니아나 제라늄 같은 식물과도 잘 어울린다. 실내에서 꽃이 잘 피도록 하기 위해서는 강한 직사광선을 피하는 것이 좋고, 오전 중에 해가 잘 드는 곳이라면 연중 계속적으로 개화가 이어져 꽃이 부족한 우리의 실내정원에서 화사한 연출에 큰 보탬이 될 식물이다

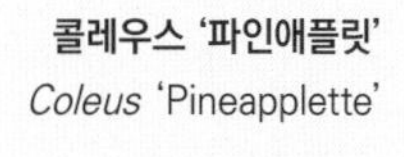


엔젤트럼펫
*Datura suaveolens*

콜레우스 '파인애플릿'
*Coleus* 'Pineapplette'

튀지 않는 조용한 톤의 조합으로 이루어진
콜레우스와 함께 화단을 채우고 있는 스트렙토카르퍼스의
청아한 푸른빛이 공간을 신비로운 분위기로 연출한다.

모든 컬러를 가지고 있어 어느 컬러라도 소화하고
조화시킬 수 있는 스트렙토카르퍼스는 후쿠시아나 제라늄 그리고 아마릴리스 같은
자극적인 강렬한 색을 부드럽게 중화시켜 주기도 하고 더 화려하게도 받쳐준다.

❶ **아마릴리스** *Hippeastrum hybridum*
❷ **제라늄** *Pelargonium × hortorum*
❸ **후쿠시아** *Fuchsia denticulata*

## 남국의 따뜻함 전하는 이국적 식물들의 하모니

겨울이 되면 우리의 온 대지는 꽁꽁 얼어붙어, 봄꽃의 화려함과 한여름의 무성함을 자랑하던 신록들이 울긋불긋 단풍으로 가을을 마감하고, 지금은 생존을 위해 겨우내 움츠러들어 깡 말라버리고, 화려했던 지난 계절의 흔적조차 희미해져 간다. 따뜻한 온기와 화사한 꽃이 그리워지는 겨울의 정점에 열대식물들로 장식된 정원은 우리 환경에서 흔하게 볼 수 없는, 아직은 생소한 풍경이다. 하지만 온실이나 실내공간을 통해 적절한 환경을 만들어 준다면 충분히 우리에게 따뜻한 온기를 전해줄 수 있는 전혀 불가능한 모습만은 아니다. 이제는 해외여행이 보편화 되어 많은 사람들이 계절을 넘어 동남아시아를 비롯한 따뜻한 남쪽나라에서 이러한 이국적인 광경들을 접해보았기에, 친숙하진 않지만 전혀 낯설지만은 않다.

## 남국의 상징화, 부겐베리아

우리의 철쭉류처럼 흔하게 이용되는 부겐베리아는 종류도 많고 색도 다양하다. 3개의 하트 모양의 화포가 색을 결정하며 꽃은 그 안에 작게 피는 특징을 가지고 있다. 원래는 덩굴성으로 자라지만 손질함에 따라서 수형이 잘 잡혀 어느 모양으로든 연출이 가능하다. 사진에서처럼 한 가지에 여러 종을 접을 붙여서 연출하면 좀 더 다이나믹한 화려함을 즐길 수 있다.

**부겐베리아**
*Bougainvillea hybrids*

연한 핑크에 강렬한 진한 핑크의 그라데이션, 이러한 부겐베리아의 투톤 색감은 열대성 관목인 피소니아(*Pisonia alba*)의 그린과 라임, 그리고 밝은 노란색이 어우러진 또 다른 그라데이션 하모니로 남국의 뜨거운 태양 아래 진하고 강력한 색채를 원 없이 펼치고 있다.

### 작은 열대정원의 연출

전세계 식물종의 3분의 2 이상이 뿌리내리고 있으며, 생물다양성의 보고인 열대 우림은 밀림이라는 말 그대로 온갖 나무들로 빽빽하다. 그래서 아무리 강렬한 햇빛이 숲에 쏟아져도 2퍼센트 정도만 바닥에 도달한다. 한낮에도 어두컴컴한 이런 곳에 살던 식물들은 어찌 보면 인간이 인위적으로 만든 실내환경에 어느 정도 생육 조건만 잘 맞춰준다면 가장 최적화된 실내식물이라 할 수 있다. 우리 주변의 실내에서 심심치 않게 보게 되는 식물들은 대부분 이런 열대우림이 고향인 식물들이다. 하지만 화분 한두 개가 아닌 이런 식물들로 정원을 꾸미는 작업은 생각보다 모양이나 색이 다양하고 이질적인 분위기로 인해 고민을 많이 하게 된다. 먼저 너무 종류가 많고 다양한 열대식물들의 특징을 잘 파악하고 각각 어울리는 식물들 간의 조합과, 꽃이 있을 때와 없을 때의 분위기 또한 잘 예측해서 식재하는 것이 중요하다. 한 개체씩 놓는 것보다 군락으로 무리를 지어서 이웃하는 식물과의 색감이나 질감을 고려해 배치하는 것이 무난하다.

잎의 모양과 색이 다양한 크로톤을 배경으로,
시선을 확 끄는 빨간 꽃을 오래 달고 있는 브리에세아 군락

진한 다크핑크색의 꽃대를 더욱 돋보이게 하는 흰줄무늬 잎이 특징인 구즈마니아(*Guzmania* 'Purple and Stripes')의 군락이 눈길을 끄는 이 조합의 포인트다. 밝은 색과 대비되는 어두운 톤의 피토니아와 이를 보완해 주는 오렌지 컬러의 브리에세아가 이웃해 작은 군락을 이루고 있다.

**구즈마니아 '퍼플 앤 스트라이프스'**
*Guzmania* 'Purple and Stripes'

**브리에세아 '토스카'**
*Vriesea* 'Tosca'

**알비베니스 피토니아**
*Fittonia albivenis*
(Verschaffeltii Group 'Pearcei')

열대의 이국적인 식물들을 조합할 때는 너무 이질적인 질감과 컬러를 조합하는 경우보다 비슷한 느낌의 식물들을 모아서 심는 것이 무난해 보일 수 있다,

**구즈마니아 코니페라**
*Guzmania conifera*

**칼라듐 비콜로르 '레드 플래시'**
*Caladium bicolor* 'Red Flash'

**구즈마니아 '그라프 반 혼'**
*Guzmania* 'Graaf Van Hoorn'

다양한 식물들이 경합하는 열대의 밀림 속에서 살아남기 위해 경쟁하는 식물들을 각기 다양한 컬러와 모양으로 생존하는 모습을 재배치하면 우리는 한겨울 온실에서 열대지방에 온 듯한 느낌을 즐길 수 있게 된다.

**크로싼드라**
*Crossandra infundibuliformis*

**칼라듐 비콜로르 '레드 플래시'**
*Caladium bicolor* 'Red Flash'

**칼라듐 '캔디둠'**
*Caladium* 'Candidum'

### 다양함 속의 통일감 있는 조합

때로는 다양한 조합보다는 접란류*Chlorophytum elatum variegatum*와 코르디네*Cordyline australis* 'Purple Sensation'나 아크메아*Aechmea blanchetiana*처럼 시원하게 뻗친 단순한 형태를 반복시키고 볼륨감의 차이만 주어도 특색 있는 이국적인 열대식물 정원을 연출할 수 있다.

코르딜리네 아우스트랄리스 '퍼플 센세이션'
*Cordyline australis* 'Purple Sensation'

포르미움 '옐로우 웨이브'
*Phormium tenax* 'Yellow Wave'

에크메아 블랜채티아나
*Aechmea blanchetiana*

코르딜리네 아우스트랄리스 '퍼플 센세이션'
*Cordyline australis* 'Purple Sensation'

시원하게 뻗치는 아스파라거스 메어리의 부드러운 그린 컬러에 오렌지색 카랑코에는
갑갑한 실내공간에 활력 넘치는 에너지를 전하기에 충분하고,
포르미움과 다이아넬라라의 밝은 무늬는 군자란(*Clivia miniata*)의 진함과 대비되어
더욱 부드러운 느낌으로 다가온다.

**포르미움 '옐로우 웨이브'**
*Phormium tenax* 'Yellow Wave'

**다이아넬라라 '보더 실버'**
*Dianella ensifolia* 'Border Silver'

수변에 잘 심지 않는 유카(*Yucca filamentosa* 'Golden Sword')를 필로덴드론과 함께 배치하여
다른 질감의 식물을 밝은 아이보리 컬러로 통일감을 주어 부드럽게 배치하였다.

**플라키다실유카 '골든 소드'**
*Yucca filamentosa* 'Golden Sword'

**필로덴드론 비핀나티피둠**
*Philodendron bipinnatifidum*

### 인공 환경에서의 연출

사람들의 공간, 식물이 살기 힘든 어둡고 건조한 실내 환경, 그것도 바닥의 수평적인 공간이 아닌 수직 벽면에 식물을 식재하고 연출하는 것은 어쩌면 인간의 욕심일지도 모르겠다. 하지만 자연과 함께하고픈 인간의 욕망이, 혹독한 자연 환경에서도 어떻게든 적응하고 살아가는 신비로운 식물들의 생존 전략과 상생하는 공간으로 볼 수도 있다. 소외되고 어두운 공간에 조명이 켜지고 그 아쉬운 빛으로도 살아가는 대견한 실내 식물들은, 대부분 열대우림 속에서 아주 적은 일조량에 단련된 생명력을 인공 환경에서도 유감없이 발휘해 주는 고마운 식물들이다.

# 22 ROCK GARDEN COMBINATION

## 돌과 어우러진 정원

범꼬리속
*Bistorta macrophylla*

우리가 터를 잡고 있는 이 땅은 아주 오래 전에는 무엇이었을까? 바로 돌이다. 오랜 시간을 거쳐 지표의 암석이 풍화작용을 받아 부서져 커다란 돌, 작은 바위 조각, 모래, 흙으로 바뀌어서 부드러워지고 여기에 터전을 이루고 살던 동식물이 썩어서 유기물을 더해 땅을 더 비옥하게 만들었다. 그러니 우리 삶의 토대는 돌인 것이다. 아직도 태고의 원형을 간직한 돌과 함께 척박한 땅에 뿌리를 내리고 사는 강인한 식물들과 어울린 풍경 연출은 아주 특별하고 색다른 느낌을 담을 수 있다.

흙에 덮여 드러나지 않았던 지구의 뼈대인 암석들이 여러 가지 환경적인 요인에 의해 드러난 것이 고산지대다. 고산지대는 바람이 강하고 일교차가 크며 따뜻한 기간이 짧기 때문에 울창한 삼림이 조성되지 못하고 키가 작은 관목이나 작은 풀꽃들만 사는 곳으로 이뤄졌다. 대개 크기가 작으며, 잎은 두껍고 증산을 막기 위해 뒤로 젖혀지고, 저수조직을 갖고 있기도 하고, 일시적 건조에 견디기 위해 털이 많다. 크고 길게 뻗은 뿌리는 지하부위의 비중을 높게 해주어 거센 바람이나 추위, 건조 등에 견딜 수 있도록 발달했다. 꽃은 줄기에 비해 비교적 크며 색깔이 산뜻하고 선명하며 키가 낮거나 줄기가 눕는 경우가 대부분이다.

우리가 쉽게 보기 어려운 해발 2,000m 이상 높은 산에 사는 고산식물들은 가혹한 환경인 까닭에 잎이 작아지고 마디 사이도 짧은 특징이 있다. 지상 줄기는 작아져도 꽃은 그대로여서 상대적으로 꽃이 커 보이고 색깔도 선명하고 산뜻하여 아주 아름답게 보인다.

바위 틈새에서 조용히 고개를 내민 산구름국화(*Aster alpinus*)는 그 쓸쓸함마저 아름다워 보인다. 척박한 토양과 모진 바람에도 꽃을 피운 그 생명력에 경의를 표한다. 지구 온난화와 갖은 삼림 훼손으로 인해 희귀식물이 되어버린 많은 고산식물들이 이제는 그 종을 수집하고 보존하고 증식하는 고산암석원의 소재가 되었다. 현재는 여러 식물원과 수목원에서 정원의 한 테마가 되어 애호가들에게 많은 관심과 연구의 대상이 되고 있다.

물이 지나는 자리에도 사람이 다니는 길에도 돌들은 든든한 바닥과 경계가 되어줄 뿐만 아니라 떨어진 씨앗들이 뿌리를 내려 물이 지나가는 이웃에는 무늬꽃창포와 함께 붉은 빛을 띠는 홍띠가 자리하여 동그란 자갈 사이에서 바람에 흔들리며 자유로운 생명력을 전해 주고 있다. 조금은 무겁고 거칠어 보이는 돌길 옆으로는 메마른 땅에 잘 견디는 은쑥과 사초 등이 자리하여서 특별한 경관을 연출하고 있다. 이처럼 돌들은 여러 강인한 식물들이 각각 자기에게 맞는 자리에서 살아갈 수 있는 견고한 터전과 배경이 되어 준다.

❶ **산구름국화** *Aster alpinus*
❷ **하이머노시스 아카우리스** *Hymenoxys acaulis* v. *ivesiana*
❸ **하늘매발톱** *Aquilegia flabellata*
❹ **갈사초** *Carex comans*
❺ **은쑥** *Artemisia Stelleriana* 'Boughton Silver'
❻ **홍띠** *Imperata cylindrica* 'Rubra'
❼ **골풀** *Juncus effusus* var. *decipiens*
❽ **무늬꽃창포** *Iris ensata* 'Variegata'

삭막하고 척박한 바위 틈새에서 피어나는 꽃은 더욱 화려해 보인다. 딱딱한 질감의 돌들을 배경으로 형형색색 피어난 꽃들이 어우러져 한 폭의 그림 같은 광경이 탄생한다. 주변 환경에 크게 영향 받지 않는 탓에 돌을 이용한 실내조경은 특별한 관리에 대한 부담이 적어 현대 실내조경에서도 각광받고 있는 추세다.
엄숙한 공간 속 아기자기한 식물들의 조화는 세련되고 깔끔한 느낌의 연출이 가능해, 고급호텔이나 대기업 로비부터 일반 아파트 베란다까지 활용 범위가 다양하다. 위 두 사진은 같은 공간에 조성된 동일한 정원의 사진이다. 사진을 찍는 위치, 즉 사람이 보는 시점에 따라 전혀 다른 분위기를 나타낼 수 있다. 커다란 돌들로 차폐된 공간 뒤에는 마치 비밀의 정원 같은 또 다른 공간이 존재하고 있다. 다양한 색상의 꽃들이 자칫 스쳐지나 갈 수 있었던 사람들의 시선을 사로잡는다.

**돌산 정원 연출**

부서지고 갈라진 돌 틈은 마치 마다가스카르의 그랑칭기를 연상시킨다. 생명이 살 수 없을 것 같은 돌 틈에 화려한 플록스*Phlox bifida* 'Ralph Haywood'의 신비로운 풍성함과 앙증맞은 만병초*Rhododendron* 'Wren'의 부드러운 아이보리 색감이 절묘하게 어우러져 있다. 갖가지 식물들이 돌 틈 사이사이마다 자리 잡은 모습은 살아남기 위해 경쟁하기보다는 서로 공생하며 주변 환경에 적응하며 살아가는 모습으로 보인다.

① **범의귀 '수 텁스'**
*Saxifraga* 'Sue Tubbs'
② **프리뮬라**
*Primula tanneri*
③ **옥살리스 이네필라 '로시'**
*Oxalis enneaphylla* 'Rosea'
④ **하벌레아 퍼디난디-커버길 '코니 데이비드슨'**
*Haberlea ferdinandi-coburgii* 'Connie Davidson'
⑤ **코리달리스 교배종 '킹피셔'**
*Corydalis cashmeriana × flexuosa* 'Kingfisher'
⑥ **메코놉시스 퍼니시**
*Meconopsis punicea*
⑦ **아르메리아 마리티마(너도부추)**
*Armeria maritima*
⑧ **플록스 '캘리스 아이'**
*Phlox* 'Kellys Eye'
⑨ **플록스 콘든사타**
*Phlox condensata*
⑩ **로도덴드론 '렌'**
*Rhododendron* 'Wren'
⑪ **플록스 비피다 '랄프 헤이우드'**
*Phlox bifida* 'Ralph Haywood'

돌 틈에 핀 아르메리아(*Armeria maritima*)의 모습은 그 꽃말처럼 가련해 보이기까지 하지만 강렬한 색으로 존재감을 나타낸다. 같은 플록스이지만 주변 환경에 따라 동그란 군락을 형성하기도 하고, 길게 늘어져 마치 계곡에 흐르는 핑크 빛 물결을 나타낸 듯한 느낌을 주기도 한다.

돌단풍
*Mukdenia rossii*

### 척박한 땅이 맺은 결실 삼천리 금수강산

우리나라는 국토 면적의 70% 정도가 화강암 및 화강편마암으로 구성되어 전국적으로 바위산이 많아 금강산과 북한산을 비롯해 명산들에는 아름답고 웅장한 기암절벽들이 있다. 우리나라의 지형 구성에서 가장 중요한 것은 산지 지형이다. 얼마 되지 않는 면적의 우리나라에서 산은 국토 면적의 거의 80%를 차지한다. 산이 높으면 골이 깊어지고 이런 골짜기 지형이 발달되어 물이 흘러서 경사지가 많을 뿐 아니라 지형 기복이 다양하고 복잡하다. 이것이 우리 산하의 모습이고 또한 고유한 우리의 아름다움이다. 이런 아름다움을 진경산수화를 통하여 예술로 승화시켜서 잘 드러낸 겸재 정선처럼, 우리 자연의 아름다움을 정원의 울타리 안으로 옮긴 축경식 산수경 정원으로 한국정원을 조성해 보는 것 또한 큰 의미가 있다.

축경식 정원은 방대한 자연을 제한된 공간 내에 그대로 연출하기에 볼륨이 적은 식물들로 조성해야만 한다. 분재 수형의 소나무나 향나무로 큰 나무를 표현하고 기암괴석으로 웅장한 산의 형세를 만든다. 산수경 정원은 손쉽게 식물들을 교체 할 수 있어 남천의 붉은 잎은 가을 단풍을 상징하고 아기자기하고 앙증맞은 아기별꽃과 패랭이꽃 등은 싱그러운 봄을 표현해 주며 사계절의 정취를 보여 줄 수 있는 연출이 가능하다.

애기별꽃
*Pratia pedunculata*

무겁고 어두운 느낌의 돌이 많은 척박한 땅일수록 그와 대비되는 다채로운 컬러의 꽃을 피우고 강하며 화려한 생명력을 보여준다. 패랭이와 조개나물처럼 화려한 색을 띄는 식물들을 무리지어 심게 되면 일제히 꽃을 피워 아름다운 경쟁을 하듯 주변 환경에서 임팩트 있는 포인트 역할을 한다. 때문에 공간이 꽉 찬 느낌이 들고 지루하지 않으면서 다이내믹한 공간 표현이 가능하다.
축경식 정원은 볼륨이 큰 식물들로 채울 때보다 작은 식물들로 구성하였을 때 한정된 공간을 보다 생기 있고 꽉 찬 느낌으로 연출할 수 있다. 서로 다른 질감의 식물이라도 색깔의 조화에 따라서 이질적인 느낌을 안정적으로 바꿀 수 있다. 라임색을 가진 세덤류의 경쾌한 에너지와 강하진 않지만 은은한 느낌을 주는 무늬부처손이 기암괴석의 봉우리들과 서로 어우러져 질감의 차이만 느껴질 뿐 생동감 있는 통일감으로 싱그러운 그린톤을 선사해준다. 이러한 연출을 통해 유사 색감의 상쾌한 대비를 엿볼 수 있다.

① **깽깽이풀**
*Jeffersonia dubia*
② **패랭이꽃**
*Dianthus plumarius*
③ **조개나물**
*Ajuga reptans* 'Chocolate Chip'
④ **부처손 '아우레'**
*Selaginella kraussiana* 'Aurea'
⑤ **황금잎세덤**
*Sedum makinoi* 'Ogon'
⑥ **옥살리스 루테올라**
*Oxalis luteola*

페레스탄스 튤립 '퓨실리어'
*Tulipa praestans* 'Fusilier'

패랭이속과
*Dianthus arpadianus*

기린초
*Sedum kamtschaticum*

지나가는 사람들의 시선을 머무르게 하는 암석원으로,
바위장미(*Helianthemum* × Hybrid)가 다양한 식물들과 함께
거친 돌들을 뒤덮어 화려한 장면을 연출하고 있다.

캄파눌라 포텐슐라지아나
*Campanula portenschlagiana*

지네레움 쥐손이풀 '발레리나'
*Geranium cinereum* 'Ballerina'

**거친 암석의 화려한 변신, 보석 같은 락가든**

다이아몬드 1캐럿을 얻기 위해서는 대략 몇 백 톤에 달하는 흙과 암석을 파내어 선별 작업을 거쳐야 한다. 하지만 그 중에서도 보석으로서의 가치를 지니는 것은 채 20%가 되지 않는다. 1톤 무게의 원석에서 단지 5캐럿 미만의 다이아몬드만 발견된다. 이렇게 채굴된 다이아몬드는 전문가들의 세공을 거쳐 아름다움의 상징인 진정한 다이아몬드로 탄생된다. 수많은 유형의 정원 중에서 다이아몬드 같은 정원을 꼽으라면 어떤 유형을 꼽을 수 있을까? 오랜 시간 풍화작용을 통해 깎이고 떨어져 나간 바위라는 원석들 사이에서 다양한 식물들의 조화라는 세공 과정을 거쳐 다른 정원에서는 볼 수 없는 색다르고 진귀한 정원으로 태어나는 락가든이 아닐까. 척박하고 거친 암석들이 진귀한 식물들과 화려한 꽃으로 뒤덮여 세월이 흐를수록 그 아름다움의 깊이를 더해가는 아주 특별한 정원이 된다.

**돌과 돌이 만든 사이 공간의 아름다움, 돌담**

다양한 목적에 따라 인위적으로 쌓은 돌담들이지만, 어떠한 의미를 부여하느냐에 따라 각각 다른 느낌의 정원이 연출된다. 위의 사진처럼 돌 틈 속에서 피어나는 생명력을 연출하기 위해 늘어지거나 타고 올라가는 식물을 심을 수도 있고, 담 위로 획일적이고 정형화된 식물을 심을 수도 있다. 어떤 선택을 하느냐에 따라 다른 느낌의 정원이 탄생한다. 돌담은 각기 다른 모양과 크기의 돌과 돌이 만든 사이 공간에 표현되는 돌과 꽃의 어울림이 감상 포인트다. 다닥다닥 붙어있는 돌 틈의 작은 공간, 틈새 뒤에 숨어있는 넓은 식재 공간, 어느 하나 빠트릴 것 없이 정원사의 도화지다.

**오크롤레우카 현호색**
*Corydalis ochroleuca*

**헬리오스 '세리스 퀸'**
*Helianthemum* 'Cerise Queen'

딱딱하고 단조로운 돌담에
뿌리를 내리고 꽃을 피워
화려한 변신을 시도하는
아칸톨리몬*Acantholimon*처럼
부드럽게 돌담을 감싸 안으며
세월의 흔적을 아름답게 펼쳐
보이는 돌담 정원도 있다.

**천상초**
*Saxifraga* × *arendsii*

**올림피쿰물레나물**
*Hypericum olympicum*

**고산패랭이꽃**
*Dianthus erinaceus* var. *alpinus*

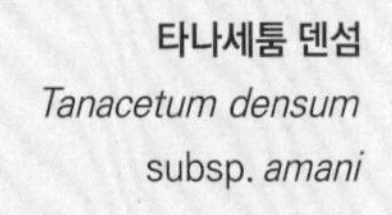

**타나세툼 덴섬**
*Tanacetum densum*
subsp. *amani*

**제라늄 '로잔네'**
*Geranium* 'Rozanne'

**아카솔리몬 에키누스**
*Acantholimon echinus*

**아카솔리몬 울리시눔**
*Acantholimon ulicinum*

**작은 돌 화분으로 표현하는 고풍스러운 멋**

돌 화분(싱크베드)을 이용한 공간 연출의 장점은 어떤 공간과도 잘 어울린다는 점이다. 자칫 밋밋해 보일 수 있는 공간에 식물들이 어우러진 싱크베드를 배치하면 특별한 포터블 가든으로 탈바꿈하게 된다. 만약 지금 싱크베드가 놓여 있는 곳에 일반 화분이 놓여있다고 가정해 보자. 같은 식물이 식재된 화분이라 하더라도 이질감을 충분히 상상할 수 있을 것이다. 이렇듯 싱크베드를 이용한 간이 락가든은 언제든 이동이 가능하고, 그로 인해 어떤 곳이든 색다른 공간을 연출하기 용이하며, 까다롭고 특별한 고산식물을 심어도 집중적인 관리가 비교적 쉬워진다. 또한 오래될수록 고풍스런 이끼까지 끼어 많은 정원에서 락가든의 특별한 소재로 사용되고 있다.

시티서스 데컴벤스
*Cytisus decumbens*

집사퍼러 부게아나
*Gypsophila bungeana*

헬리크리섬 세실리오데스
*Helichrysum sessilioides*

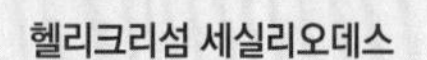

#### 주변 환경과의 자연스러운 어울림

언뜻 보기에는 크기대로 툭툭 던져 놓은 것 같은 느낌을 주지만 자세히 들여다보면 크고 작은 크기의 싱크베드가 모여 일정한 규칙을 이루고 있는 것처럼 보인다. 계단식 형태로 높은 곳에서 낮은 곳으로 조성된 박스가 안정감을 주고, 거기에 심겨진 눈향나무를 비롯한 침엽수와 은쑥 등의 식물들은 그곳에 오래 전부터 있었던 것처럼 자연스러운 느낌을 준다. 다양한 질감의 식물들이 한 곳에서 이렇게 어느 하나 모나지 않고 서로 조화를 이루는 모습은 포터블 락가든만이 보여줄 수 있는 특별한 매력이 아닐까 싶다.

**범의귀속 재배종**(*Saxifraga Cultivars*): 각각의 싱크베드라는 경계가 엄연히 있지만 비슷한 질감의 소재인 돌을 사용한 덕분에 세 개의 싱크베드가 마치 하나의 싱크베드처럼 보인다. 안을 채우고 있는 돌들이 세 개의 싱크베드를 서로 조화롭게 연결해준다.

#### 주변 환경과 무관한 '작은 정원' 구현

앞서 싱크베드와 주변 환경의 조화에 초점을 맞춰 소개했다면, 이번에는 싱크베드만으로 시도해볼 수 있는 독립적인 공간 연출이다. 싱크베드는 어느 곳이든 존재만으로도 아름다운 연출이 가능하다. 하나하나 따로 떨어뜨려서 보아도, 둥글게 뭉뚱그려 보아도 다양한 소재의 식물들이 싱크베드 안에서 저마다 자기자리를 잡고 생명을 이어가는 모습은 신비롭다. 나지막한 크기의 식물들이 어우러져 하나의 정원 소품과 같은 역할을 하다가 나아가서는 그 자체가 정원으로 이루어지는 공간이 연출된다.

### 소품을 활용한 개성 있는 연출

싱크베드라는 독특한 그릇에 식물이 아닌 화분과 판석 등을 활용한 중첩된 연출로 개성 있는 그림을 그려 볼 수도 있다. 베드의 작은 공간 활용을 위한 소재로 식물만 고집할 필요가 없다. 다양한 소재를 사용하여 연출하면 조금 더 특색 있는 효과를 줄 수 있다. 일상에서 흔히 볼 수 있는 주변의 소소한 물건들을 접목시켜 색다르고 재미있는 나만의 작품을 만들 수도 있다.

차례로 쌓은 피라미드 형태의 화분들을 이용하여 지피 소재로 많이 사용되는 거미줄바위솔(*Sempervivum arachnoideum*)을 볼륨감 넘치게 표현하였다.

싱크베드를 가득 채울 수 없는 작지만 다양한 바위솔을, 체스판을 연상시키는 일정한 패턴으로 배치한 판석과 함께 연출하여, 여백의 미를 통해 비어있다거나 미완성되었다는 느낌을 상쇄시켰디.

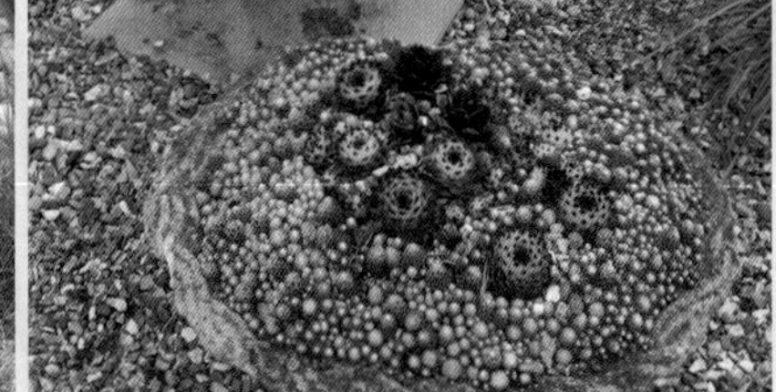

셈페르비붐속의 각종 품종

### 돌과 잘 어울리는 레위시아

우리에게 친숙한 채송화처럼 쇠비름과*Portulacaceae*에 속하는 레위시아*Lewisia cotyledon*는 북미의 오레곤, 캘리포니아의 록키산맥 등 건조한 산악지대에 자생하는 다년초로서 북서부에 약 20여종이 분포한다. 종명의 'cotyledon'은 'small cup'이란 뜻으로 두툼한 로제트상의 잎을 보고 따온 말이다. 암반지역에 자생하는 특성상 배수가 좋아야 하며, 햇빛을 충분히 받고 과습을 절대 피해야 한다. 중부지방에서는 노지 월동이 힘들어 실내에서 키우지만 상록성이고, 꽃 색깔은 적색, 백색, 분홍색, 오렌지색 등 다양하며, 생육기에 조건만 맞으면 2~4차례 연속적으로 꽃을 피운다.

**분홍안개꽃**
*Gypsophila repens* 'Rosea'

**레위시아 코틸레돈**
*Lewisia cotyledon*

# 23 KITCHEN GARDEN COMBINATION

## 먹고 보고 즐기는 텃밭정원

본능적으로 인간은 굶어 죽지 않기 위해 식량을 찾는다. 생존을 위한 식량이 안정적으로 확보되면, 더 맛있고 다양하게 먹을 수 있는 즐거움을 위한 '먹거리'를 추구한다. 현시대에 이르러 인간은 단순히 살기 위한 식량의 수준을 넘어서 즐기기 위한 먹거리를 위해 여러 노력을 기울이고 있다. 이제 '먹는다'라는 일차원적인 욕구를 뛰어넘어 복합적인 즐거움을 추구하는 하나의 '융합의 먹거리'가 중요해진 시대가 되었다.

인류는 생존하기 위해 먹는 것으로 끝나지 않고 먹으면서 즐거움도 누릴 수 있는 방법을 연구해 왔다. '보기 좋은 떡이 맛도 좋다'는 말과 '이왕이면 다홍치마'라는 우리의 속담이 잘 대변하듯 본능을 넘어선 아름다움과 즐거움을 충족시키고자 하는 욕구는 기본적인 욕구 못지않게 중요해졌다. 그리고 이러한 욕구가 충족되면 당연히 즐겁고 만족스럽고 편안해지게 된다.

자연을 가까이에서 체험하면 기력이 회복되고, 특히 식물의 녹색은 휴식과 안정감을 주는 심리적 효과가 있다는 것을 미국 미시간대학교의 스티브 카플란Steven Kaplan 교수가 입증한 바 있다. 먹고 보고 즐기는 정원의 모든 활동이 더욱 보편화된다면 우리 사회도 더욱 건강해질 것이다.

직접 애정을 갖고 정성 들여 키워서 갓 수확한 채소와 시장이나 마트에서 돈으로 살 수 있는 채소의 차이를 경험해 본 사람이라면 누구라도 '텃밭정원'의 매력에 빠져들 것이다. 최근 환경오염으로 인해 안전한 먹거리에 대한 관심이 더욱 커지면서 '도시농업'이 크게 각광 받고 있다. 내 손으로 직접 안전하고 신선한 농작물을 길러 먹을 수 있는 도시농업은 주로 한두 가지 작물을 대량으로 키우는 전통적인 농사가 아니라, 선호하는 다양한 종류의 채소를 소량씩 심어서 그때그때 수확하여 즐기는 취미 형식의 텃밭 가드닝의 모습으로 행해지고 있다.

텃밭정원의 매력은 단순히 안전하고 맛있는 먹거리를 우리 식탁에 제공하는 것에 그치지 않는다. 그냥 텃밭이 아닌 '텃밭+정원'이 아닌가. 텃밭에서 오는 매력이 맛있고 안전한 먹거리라면 정원에서 비롯된 매력은 이루 말할 수 없는 가치를 지니고 있다.

무언가를 가꾸는 즐거움은 도심 속 현대인에게 생활 속 활력을 제공하고, 건강과 환경 개선, 도시 생태계 보전과 사회 공동체 회복에도 큰 효과가 인정되면서, 도시민들의 삶의 질 향상을 위해 꼭 필요한 산업으로 인식이 바뀌었으며 꾸준히 확대되고 있는 추세다.

### 텃밭 디자인, 관상용 채소정원

화려한 색상과 다양한 질감을 갖고 있는 꽃들과 달리 채소류는 단순한 녹색의 연속이어서 정원이라고 여길 수 없을 만큼 만족스럽지 못할 수 있다. 어떻게 하면 밋밋하고 지루한 텃밭에 재미있는 활력을 불어 넣을 수 있을까?

관상용 채소정원의 가장 중요한 디자인 요소는 정원의 라인과 형태, 즉 화단의 기본구조에서 찾을 수 있다. 건강한 재배 환경(배수)을 위해서 화단 조성을 주로 높여서 하게 되는데, 이 높이를 통해 모양과 재료 그리고 동선 배치를 다양하게 시도하여 얼마든지 예술적인 창의성을 표현할 수 있다. 그러나 너무 지나치게 주인공인 식물보다 기본구조가 강조된다면 오히려 부담스러운 결과를 가져와 주객이 전도될 수 있다. 이 점에 유의하여 질감, 형태, 색상을 고려하고, 이웃하여 식재될 채소들의 조화와 생육 환경을 반영한다면 근사한 채소정원을 가꿀 수 있다.

1. 독일 함부르크의 관상용 채소정원. 길게 이어진 화단이 지루하지 않도록 질감과 색이 다른 상추와 차이브로 반복적인 변화를 주어 디자인했다.
2. 오스트리아 비엔나의 관상용 채소정원. 버드나무 가지를 이용해 재미있는 작은 배 모양의 높임 화단을 만들어 각 구역에 개성 있는 식재 연출을 했다.
3. 다양한 형태로 화단의 틀을 디자인하여 보는 즐거움을 더한 프랑스 쇼몽성의 관상용 채소정원. 사각형의 틀을 벗어나 원과 벤치를 적절히 잘 배치하였고, 중앙의 베드에는 키가 큰 채소들을 심고, 앞쪽에는 키 낮은 상추와 차이브를 두었다.
4. 평범한 사각 베드에 곡선의 동선으로 포인트를 주고 열을 맞추어 식재하여 생육이 진행될수록 역동적인 선이 살아나도록 구성했다.

빌랑드리 성 키친가든, 프랑스

## 예술로 승화된 텃밭정원

텃밭정원(키친가든)은 유럽 중세시대의 성관정원에서 유래하였다. 서유럽 멸망 후 문화의 암흑 시기인 중세시대에 봉건제도와 장원제도가 심해지면서 영주들이 방어의 목적으로 성곽을 쌓고 그 안에서 칩거하게 되었다. 이 시대 밀폐된 생활공간 속에서 자급자족을 위한 정원을 조성했는데 이를 성관정원이라고 한다. 성관정원은 실용원과 관상원으로 구분되는데 실용원에는 채소원과 약초원이 있다. 문화의 암흑시기인 중세에 가까스로 정원 문화가 이어진 성관정원의 실용원이 텃밭정원의 시초라고 할 수 있다. 프랑스의 빌랑드리 성 정원이 대표적인 형식이라 할 수 있다. 회양목이나 주목으로 정형화된 틀을 만들고 그 안에 양배추와 상추를 비롯한 채소들을 거대한 규모로 줄 맞추어 깔끔하게 식재하였다. 또한 페르시안 카펫처럼 아름다운 예술적인 만족과 실제적인 먹거리 공급의 필요를 동시에 충족시켜 준다.

상추는 재배 역사도 길고 세계적으로 가장 중요한 위치를 차지하고 있는 채소 중의 하나로, 주로 쌈이나 샐러드, 겉절이 등에 이용되고 있으며 비타민과 무기질이 풍부하여 건강에도 좋아 해마다 그 재배 면적이 증가되고 있다. 관상용 채소정원에서 가장 많이 이용되는 식물도 상추로, 잎의 모양과 크기, 로제트 정도와 잎의 색, 그리고 줄기 형태 등으로 분류되는 수많은 품종이 있다. 이러한 다양한 품종의 모양과 컬러를 이용해 다채로운 모자이크 연출도 가능하다.

1. 상추 '디아나'
   *Lettuce sativa* 'Diana'
2. 상추 '니만스'
   *Lettuce sativa* 'Nymans'
3. 상추 '롤로 비온다'
   *Lettuce sativa* 'Lollo Bionda'
4. 상추 '롤로 로사 비온다'
   *Lettuce sativa* 'Lollo rossa' Bionda'
5. 상추 '비쥬'
   *Lettuce sativa* 'Bijou'

텃밭 정원의 가장 큰 매력은 채소의 아름다운 잎과 관상용 꽃의 어우러짐이다. 단순히 먹거리를 위해 텃밭을 만드는 것보다 기왕이면 다홍치마라는 말처럼 보기에도 좋도록 꽃이 있는 메리골드나 백합과 같은 초화와 함께 심으면 시각적인 활력도 주고 특유의 향과 성분으로 인해 병해충 방지에도 효과가 있어 일석이조의 효과를 낸다. 꽃이 있으므로 벌과 나비도 좋아하여 열매도 잘 달리고, 정원 일을 하면서 눈과 코도 만족스러운, 한 마디로 관상용 채소정원은 모든 감각을 자극하고 만족을 주는 유일한 정원이라 할 수 있다.

① **상추 '프릴리스'** *Lettuce sativa* 'Frillice'
② **한련화** *Tropaeolum majus*
③ **적치마상추** *Lettuce sativa* 'Red Velvet'
④ **다알리아** *Dahlia* 'Mystic Illusion'
⑤ **대파** *Allium fistulosum*
⑥ **콜레우스** *Coleus* 'Wizard Sunset'
⑦ **메리골드** *Tagetes patula*
⑧ **감자** *Solanum tuberosum*
⑨ **백합** *Lilium* 'White Henryi'

### 관엽 고구마의 활용

긴 장마와 무더위로 꽃이 귀한 여름철 화단에는 관엽 고구마가 제격이다. 잎이 무성하게 자라나 보는 이에게 활력을 주기 때문에 기회가 있을 때마다 추천하고 있다. 먹는 뿌리채소로만 알려져 있던 고구마는, 블랙키 품종이 처음 정원에 등장해 주목 받기 시작했고 근래 15년 동안 세계의 여러 정원에서 그 활용도가 점차 높아지고 있다.

화려하고 무성한 잎은 지면 피복 소재로도 훌륭하고, 가장자리 라인 식재로도, 또 공중걸이 화분에도 잘 늘어져 아주 좋은 소재가 되어준다.

① **고구마 '블랙키'** *Ipomoea batatas* 'Blackie'
② **고구마 '스위트 캐롤라인 브론즈'** *Ipomoea batatas* 'Sweet Caroline Bronze'
③ **고구마 '블랙 하트'** *Ipomoea batatas* 'Black Heart'
④ **고구마 '마가릿'** *Ipomoea batatas* 'Margaurit'

고구마와 초화류의 조합. 수확을 목적으로 하지 않는 관상용 고구마와 초화식물의 조합은 무한하다, 검은색에 가까운 블랙키고구마(*Ipomoea batatas* 'Blackie')의 무거운 바탕에, 공간을 밝게 이어주는 회백색 라벤더의 무채색 조합, 그리고 살아있는 활력과 에너지를 주는 오렌지색의 누운백일홍과 선명한 라임색의 마거리트고구마(*Ipomoea Batatas* 'Margaurite')가 흑인 시위자들과 함께 대립과 조화를 표현하고 있다.

# 24

# WALL GARDEN COMBINATION

## 도시의 벽면에 생명을 불어넣는 담장정원

사람은 살아가면서 여러 필요에 의해 많은 울타리와 담을 만든다. 수많은 벽들에 에워싸여 살던 서울 사람이 시골에 집을 지으며 가장 신경 쓰는 것이 경계와 울타리, 바로 담벼락인 것은 어쩌면 당연한 일인지도 모른다. 이러한 삭막한 시멘트 담들이 화사하고 생명력 넘치는 아름다운 정원으로 탈바꿈된다면 그 담들과 마주하는 이웃과 나아가서 우리 삶의 공간이 좀 더 밝고 긍정적인 변화를 가져오지 않을까. 도시의 벽면에 생명을 불어넣는 다양한 담장정원을 주요 수종과 함께 살펴본다.

끝이 보이지 않는 긴 성벽을 따라 아기자기한 작은 정원들을 이어서 배치하여 지루하지 않도록 조성했다. 이런 정원은 아무것도 없는 텅 빈 공간에 정원을 조성하는 것과는 접근 방식이 달라야 한다. 기존에 존재하는 구조물의 새로운 가능성을 발견할 수 있는 가드너의 안목이 무엇보다 중요하다.

황금담쟁이(*Parthenocissus tricuspidata* 'Fenway Park')는 1988년 미국 아놀드수목원의 피터 델 트레디시가 보스턴 레드삭스의 홈구장인 펜웨이파크로 가는 길에서 발견한 담쟁이로, 밝은 노란색 잎이 인상적이며 어두운 벽면에는 화사함을, 붉은 벽에는 포인트를 주고, 그늘에서는 연한 녹색으로 잎의 색이 바뀐다. 가을에는 강렬한 빨간색과 오렌지 혹은 노란색으로 화려한 단풍이 물들어 도시의 벽면을 아름답게 연출해주는 아주 좋은 식물 소재다.

## 벽면에 그리는 그림, 담쟁이

가장 흔하게 벽면에 심는 담쟁이*Parthenocissus tricuspidata*는 줄기의 마디나 마디 사이에서 발생하는 부정근에 의해 벽돌 틈새와 같은 벽면의 틈바구니에 뿌리를 내리며 표면에 흡착된다. 흡착근이 한번 붙으면 잘 떨어지지 않아 어느 곳이든 쉽게 녹화시킬 수 있으며 건조와 병해충에도 강해서 너무 왕성해지지 않게 관리만 해준다면 담장정원에 적합한 소재다.

### 환상적인 입체를 이루는 등나무

담쟁이덩굴은 흡착근이 있어서 지주나 유인물이 필요 없지만, 등나무는 줄기에서 나오는 가지가 덩굴로 뻗어 나가면서 건물의 구조물이나 울타리를 휘감아 자라기 때문에 짧은 기간 동안에 빠른 생장을 보여준다. 5월이면 화려한 꽃을 일제히 늘어뜨려 상큼한 향기와 함께 환상적인 분위기를 연출해 준다. 일반적으로 가장 많이 쓰이는 품종은 중국등나무 *Wisteria sinensis*이고, 우리나라와 일본에서 주로 식재하는 일본등나무*Wisteria floribunda* 품종도 있다.

프랑스 지베르니에 있는 클로드 모네의 정원으로, 다리를 자연스럽게 휘감은 등나무(*Wisteria sinensis*)의 연보라색 꽃과 진하고 붉은 자엽안개나무(*Cotinus coggygria* 'Royal Purple')의 컬러가 인상파 화가의 그림처럼 절묘하게 어우러졌다.

### 꽃향기 넘실대는 인동덩굴

장미와 인동덩굴을 함께 올리면 아름다운 시각적 효과와 함께 이곳에 머무는 사람들에게 기분 좋은 꽃향기를 선사할 수 있다. 인동덩굴은 양지바른 곳에서 잘 자라고, 보통 5~6월에 연한 붉은색을 띈 흰 꽃이 피는데 나중에 노란색으로 변하고 향기가 난다. 식재 장소에 따라 겨울에도 잎이 떨어지지 않는 경우가 있어 인동이라고 한다.

## 도도함을 뽐내는 넝쿨장미

의지할 곳 없는 벽면에 담쟁이처럼 흡착근도 없고 등나무처럼 휘감아줄 넝쿨도 없어 손이 많이 가는 식물이지만 여름 정원의 주연은 단연 장미다. 넝쿨장미는 샐비어나 제라늄 같은 다년생 식물과 같이 심으면 한결 더 돋보여 화단용 장미와는 다른 풍성함을 보여준다. 어느 공간이든 낭만적이고 우아한 분위기를 연출해주고 그 도도한 자태는 결코 꺾일 줄을 모른다.

부드럽고 잔잔한 파스텔 톤 하모니는
강렬하고 진한 컬러의 조합보다 훨씬 더
사랑스러운 분위기를 연출해준다.

분홍색의 다이아시아에서 연분홍과 흰색을 띄는 장미로 이어져
청보라의 클레마티스로 올라가는 그라데이션 배합이 청초한 느낌을 자아낸다.

흰색의 구조물에는 선명한 붉은색이 강렬한 주목을 끌기에 효과적이다.
분홍색은 따뜻함과 부드러운 아늑함을 전해주어 붉은색과 자연스럽게 조화를 이룬다.

### 사계절을 녹색으로 색칠하는 상록수

정원을 관리하는 데 시간과 노력을 많이 할애할 수 없다면 상록수를 활용하는 것이 좋다. 사계절 변함없는 녹색 벽면에 으아리의 흰색 꽃이 청량한 느낌을 더해주고 황금색의 상록수들은 건물 벽면을 더욱 빛나게 해준다.

### 틈을 메워주는 지피식물과 숙근류

수평과 수직이 만나는 바닥과 벽의 모퉁이를 그대로 놔두면 여러 지저분한 것들이 바람에 날려와 쌓이기 쉽다. 하지만 작은 틈을 비집고 잘 자라는 키 작은 지피식물이나, 어느 정도 볼륨을 갖고 하늘거리는 키 큰 숙근류를 식재하면 모퉁이 공간도 훌륭한 정원으로 탈바꿈시킬 수 있다.

❶ **으아리** *Clematis mandshurica*
❷ **줄사철나무** *Euonymus fortunei* var. *radicans* 'Emerald Gold'
❸ **사철나무 '골드 스팟'** *Euonymus japonica* 'Gold spot'
❹ **주목** *Taxus baccata*
❺ **멕시칸세이지** *Salvia leucantha*
❻ **백묘국** *Senecio cineraria* DC
❼ **다이콘드라** *Dichondra argentea* 'Silver Falls'
❽ **우단동자꽃** *Stachys* 'Silver Falls'

## 식물과 시설물이 조화를 이루는 하모니 식재

식물이 없었다면 평범한 구조물이나 담장에 불과했겠지만, 식물이 식재됨으로써 생명력 넘치는 정원의 한 부분으로 변신이 가능하다. 식물을 식재할 때도 굳이 많은 식물을 복잡하게 조합할 필요가 없다. 장소에 어울리는 몇 가지 수종으로 구조물과 어울리는 연출 방안을 고민해보면 최상의 연출을 꾀할 수 있다.

수직정원(Vertical Garden)으로 유명한 프랑스 파리에 있는 패트릭 블랑의 케브랑리 박물관 외벽에 식재된 다양한 휴케라(*Heuchera*)가 깊은 숲 속의 바위에 있는 듯 군락을 이루고 있다.

## 찾아보기

ㅈ



ㅊ



ㅋ

2019. 10.
2019. 12.
2020. 05.
2020. 12.
2021. 03.
2021. 05.

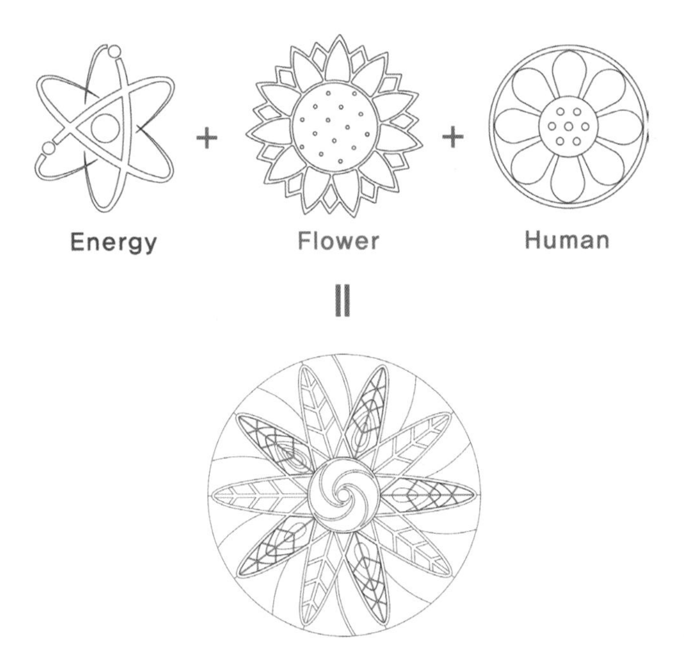


## 태양의 정원

50만평 거대한 대지에 그린 '태양의 정원'은 국내 최대 친환경에너지발전소의 중심에 만든 정원이다.
에너지, 자연, 인간이 공존하는 모습을 형상화했으며, '2020 대한민국 토목기술대상'을 수상했다.
— 태양의 정원, 대한민국 해남 솔라시도 —

정원을 만드는 과정은 이상을 현실로 만드는
특별한 경험이자 매우 섬세한 작업이다.
Dream come true, 꿈이 만들어지는 장소,
그것은 자연과 사람이 함께하는 고상한 창작 활동이면서
정신이 물리적 실체로 만들어지는 표현이자 예술이라 할 수 있다.

정원 디자인은 규격화된 캔버스 평면에 그림을 그리는 것과는
차원이 다른 경관을 창조하는 것으로,
정적인 성격의 재료들이 아닌 끊임없이 변화하고 성장을 멈추지 않는
역동적으로 살아있는 생명의 형태, 즉 생태를 다루는 매우 특별한 분야다.

그 재료들의 주연은 단연 식물들이고
그들의 생활인 식생과 함께 그 식물의 세계 속에서 다양하게 연출되는
생생한 스토리와 모습들을 섬세하게 묘사하고
시간의 흐름에 따른 풍경을 예측하며
규모, 형태, 질감, 조화, 선, 색 등의 다양한 요소들을 연출하여
최고의 조합을 끊임없이 시도하는 즐거운 작업이다.

열매는 씨앗으로…

이불 속에서 나와야 하루가 시작되고
엄마 품을 떠나야 어른이 되고
알을 깨고 나와야 날개를 펼 수 있듯이
씨앗은 쪼개져야 꽃을 피울 수 있다.

꽃은 열매로
열매는 다시 씨앗으로…

꽃향기에 취한 길
꽃길만 걸었으면 좋으련만
꽃은 열매를 위한 것

어느 따뜻한 봄날
다시 한 번 찬란하게 피어날 꿈을 심는다.

열매는 다시 씨앗으로.

정원을 만드는 것은 호기심 가득한 아이들이 바라보는 세상처럼,
아직 다 가보지도 못한 광활한 대자연의 경이로움에 대한 '오마주'다.
호주 멜버른의 크랜본 왕립식물원 오스트레일리안 가든에서